高等院校
信息技术应用型
规划教材

# 计算机应用基础
# 实验指导
## （第3版）

刘云翔　　王志敏　　黄春华　　朱　栩

郭文宏　　柏海芸　　王　栋　　马　英　　编著

清华大学出版社
北京

## 内 容 简 介

本书是与刘云翔教授主编的《计算机应用基础(第3版)》配套使用的上机实验教材。本书与教材既相互关联,又各自独立。主要是对主教材内容中实验部分加以扩展,为学生上机实践提供全面有效的实验指导。本书包含22个实验,涉及 Windows XP/7、Word、Excel、PowerPoint、Access、Photoshop、Dreamweaver、Flash 等软件内容,实验主要以验证型实验与设计型实验为主,同时也提供了综合型实验。

本书适合作为各类高校非计算机专业计算机基础课程的实验教材或各类计算机培训班的参考教材,也可供各类计算机应用人员阅读参考。

**图书在版编目(CIP)数据**

计算机应用基础实验指导/刘云翔等编著.—3版.—北京:清华大学出版社,2017(2019.8重印)
(高等院校信息技术应用型规划教材)
ISBN 978-7-302-48153-9

Ⅰ.①计… Ⅱ.①刘… Ⅲ.①电子计算机-高等学校-教学参考资料 Ⅳ.①TP3

中国版本图书馆 CIP 数据核字(2017)第 202068 号

责任编辑:孟毅新
封面设计:傅瑞学
责任校对:赵琳爽
责任印制:沈 露

出版发行:清华大学出版社
    网  址:http://www.tup.com.cn,http://www.wqbook.com
    地  址:北京清华大学学研大厦 A 座    邮  编:100084
    社 总 机:010-62770175        邮  购:010-62786544
    投稿与读者服务:010-62776969,c-service@tup.tsinghua.edu.cn
    质量反馈:010-62772015,zhiliang@tup.tsinghua.edu.cn
    课件下载:http://www.tup.com.cn,010-62770175-4278
印 装 者:北京国马印刷厂
经  销:全国新华书店
开  本:185mm×260mm  印  张:13     字  数:298 千字
版  次:2011 年 9 月第 1 版  2017 年 8 月第 3 版  印  次:2019 年 8 月第 3 次印刷
定  价:33.00 元

产品编号:076773-01

# 第3版前言

　　随着信息技术的不断发展,大学生的计算机操作能力、创新能力需要与时俱进,在教学过程中,实践教学不可忽视。为此,我们编写了本实验指导,与《计算机应用基础(第3版)》(刘云翔主编,清华大学出版社出版)配套使用。

　　本书的主要内容依据教育部计算机基础课程教学指导分委员会的最新基本要求编写。包括操作系统与 Windows 基础、办公软件 Office 基础、局域网与 Internet 基础、多媒体设置与常用多媒体操作基础、网页制作 Dreamweaver 基础等。

　　本书与主教材既相互关联,又各自独立。主要对主教材中的实验内容加以扩展,为学生上机实验提供有效的指导。全书包括 22 个实验,涉及 Windows XP/7、Word、Excel、PowerPoint、Access、Photoshop、Dreamweaver、Flash 等软件,以验证型实验与设计型实验为主,同时也提供了综合型实验。

　　书中的实验主要涉及大学计算机基础必须知晓、必须学会的内容,教师可根据实际教学情况,向学生布置相应上机课程的实验内容。

　　本书的主要内容如下:

　　实验一、实验二涉及 Windows XP 操作系统的操作及维护。

　　实验三、实验四涉及 Windows 7 操作系统的操作及维护。

　　实验五为 Internet 应用。

　　实验六至实验十四为多媒体技术实验,涉及 Photoshop 图像编辑、Flash 动画制作、Dreamweaver 入门及文本网页设计、图文混排及超链接设计、多媒体与表单设计等内容。

　　实验十五、实验十六涉及 Word 入门及输入技巧、文字及段落排版、表格和数学公式编辑与格式设置、图片及其他对象的编辑与排版等内容。

　　实验十七、实验十八涉及 Excel 输入技巧、公式、函数、单元格引用、图表的创建与设置、数据处理等内容。

　　实验十九、实验二十涉及 PowerPoint 演示文稿和幻灯片的创建、编辑及格式设置等内容。

　　实验二十一为 Access 数据库基本操作实验,涉及数据库的建立以及数据表的建立等内容。

　　实验二十二为常用工具软件操作实验,涉及常用维护软件的使用等。

　　本书由刘云翔、王志敏、黄春华、朱栩、郭文宏、柏海芸、王栋、马英编著。由于计算机技术发展较快,加上编者水平有限,书中难免有不足之处,恳请广大读者批评指正。

编　者

2017 年 7 月

# 目 录

# 第一篇　计算机基础科学知识

## 实验一
## Windows XP 基本操作

## 一、实验目的

1. 掌握 Windows XP 的启动、关闭操作。
2. 掌握 Windows XP 桌面、窗口和菜单的组成和操作。
3. 掌握 Windows XP 控制面板的设置。
4. 掌握 Windows XP 的一些基本参数设置。

## 二、实验指导

**1. Windows XP 的启动**

1）Windows XP 的正常启动

检查计算机连接设备，先开启显示器电源，再开启主机电源。

2）进入 Windows XP 安全模式

启动 Windows XP 时，按 F8 键，在 Windows 高级选项菜单中使用键盘上的 ↑ 键或 ↓ 键将白色光带移动到"安全模式"选项上，按 Enter 键进入安全模式。

3）Windows XP 重新启动的操作

方法一：按主机箱上的 Reset 键。

方法二：启动 Windows XP 后，连续按两次 Ctrl＋Alt＋Delete 组合键。

**2. Windows XP 的关闭**

（1）保存所有需要保存的数据。
（2）关闭所有正在运行的应用程序。
（3）关闭计算机。

单击"开始"按钮,选择"开始"菜单中的"关闭计算机"命令,在弹出的"关闭计算机"界面中,单击"关闭"按钮,如图 1.1 所示(如果单击"重新启动"按钮,则在不关闭主机电源的情况下重新启动 Windows XP;如果单击"待机"按钮,则 Windows XP 进入睡眠状态,节省计算机电量和资源,而按键盘上的任意键或动一下鼠标就可以随时恢复正常状态)。

图 1.1 "关闭计算机"界面

### 3. Windows XP 桌面操作

Windows XP 中将整个屏幕称为桌面,这是用户操作的工作环境,如图 1.2 所示。

图 1.2 Windows XP 桌面

### 1) 桌面图标操作

在桌面的左边有若干个上面是图形、下面是文字说明的组合,这种组合称为图标。用户可以双击图标来打开相应的程序,或者右击图标并在弹出的快捷菜单中选择"打开"命令来执行相应的程序。

2）整理桌面图标

右击桌面空白处，在弹出的快捷菜单中选择"排列图标"命令，可对图标按名称、按类型、按大小、按修改时间或以自动排列等方式进行排列。

3）"开始"按钮操作

位于桌面左下角带有 Windows 图标的按钮就是"开始"按钮。单击"开始"按钮后，就会显示"开始"菜单，如图1.3所示。利用"开始"菜单可以运行程序、打开文档及执行其他常规操作。用户所要做的工作几乎都可以通过它来完成。

4）任务栏主要操作

任务栏通常放置在桌面的最下端，如图1.4所示。任务栏包括"开始"按钮、快速启动栏、任务切换栏和指示器栏4部分。

图1.3　Windows XP"开始"菜单

图1.4　Windows XP 任务栏

（1）任务栏属性的设置。右击任务栏空白处，在打开的快捷菜单中选择"属性"命令，弹出"任务栏和「开始」菜单属性"对话框。

在"任务栏"选项卡中用户可以对锁定任务栏、自动隐藏任务栏、将任务栏保持在其他窗口的前端、分组相似任务栏按钮、显示快速启动和显示时钟、隐藏不活动的图标等选项进行设置。在"「开始」菜单"选项卡中用户可以对开始菜单的风格进行设置。设置完成后，单击"确定"按钮，注意变化。

（2）任务栏高度的调整。将鼠标指针指向任务栏的上边缘处，待鼠标指针变成双向箭头形状时，用鼠标上下拖动可以改变任务栏的高度，但最高只可调整至桌面的1/2处。

（3）任务栏位置的调整。任务栏默认位置在桌面的底部，如果需要也可以将任务栏移动到桌面的顶部或两侧。方法是将鼠标指向任务栏的空白处，向桌面的顶部或者两侧拖动释放。

（4）快速启动栏项目的调整。将桌面图标直接拖向任务栏的快速启动栏区域内，就可将其加入到快速启动栏内。同样也可以将快速启动栏内的图标拖到桌面上，或者右击快速启动栏内的某一图标，并从弹出的快捷菜单内选择"删除"命令，即可将该图标从快速启动栏内删除。

**4. 设置显示属性**

（1）在桌面空白处右击，并在弹出的快捷菜单中选择"属性"命令，可以设置具有个性化的桌面属性，如图1.5所示。

（2）选择"主题"选项卡，单击"主题"下拉列表框的下三角按钮，选择"Windows 经典"选项，单击"确定"按钮，观察桌面变化。

图 1.5　"主题"选项卡

（3）选择"桌面"选项卡,在"背景"下拉列表框中选择一幅系统默认的图片或将自己喜爱的图片作为桌面墙纸,并选择居中或平铺或拉伸显示方式,单击"确定"按钮,观察桌面变化。

（4）选择"屏幕保护程序"选项卡,在"屏幕保护程序"下拉列表框中选择任意一种屏幕保护程序,如"三维飞行物",单击"预览"按钮,预览屏幕保护程序。并调整等待时间,如5 分钟,也可以选中"在恢复时使用密码保护"复选框,单击"确定"按钮即可完成屏幕保护程序的设置。

（5）选择"外观"选项卡,并选择"窗口和按钮"下拉列表框中的"Windows 经典样式"选项,选择"色彩方案"下拉列表框中的"银色"选项,选择"字体大小"下拉列表框中的"大字体"选项,单击"确定"按钮,观察窗口变化。

（6）选择"设置"选项卡,如图 1.6 所示。调整屏幕分辨率滑块,设置屏幕的分辨率为800×600 像素,选择"颜色质量"下拉列表框中的"最高（32 位）"选项,单击"确定"按钮,观察桌面视觉效果的变化。

**5. 图标和快捷方式操作**

（1）选定图标或快捷方式:单击某一图标,该图标颜色变深,即被选定。

（2）移动图标或快捷方式:将鼠标指针移动到某一图标上,拖动图标到某一位置后再释放,图标就被移动到该位置。

（3）执行图标或快捷方式:双击图标或快捷方式就会执行相应的程序或文档。

（4）复制图标或快捷方式:要把窗口中的图标或快捷方式复制到桌面上,可以按住Ctrl 键不放,然后拖动图标或快捷方式到指定的位置上,再释放 Ctrl 键和鼠标,即可完成图标或快捷方式的复制。

图 1.6　"设置"选项卡

（5）删除图标或快捷方式：先选定要删除的图标或快捷方式，按键盘上的 Delete 键即可删除。

（6）快捷方式的建立：右击对象，在弹出的快捷菜单中选择"发送到桌面快捷方式"命令。

### 6. 窗口操作

1）移动窗口的操作

方法一：双击"我的电脑"图标，打开图 1.7 所示窗口，然后直接拖动窗口的标题栏到指定的位置。

方法二：双击"我的电脑"图标，打开图 1.7 所示窗口，按 Alt＋Space 组合键，打开"系统控制"菜单，使用箭头键选择"移动"命令。然后再次使用箭头键将窗口移动到指定的位置上，按 Enter 键即可。

2）窗口最大化、最小化操作

（1）最大化窗口。

方法一：打开"我的电脑"窗口，单击窗口标题栏右上角的"最大化"按钮。

方法二：打开"我的电脑"窗口，并打开"系统控制"菜单，然后选择"最大化"命令。

方法三：打开"我的电脑"窗口，双击窗口标题栏，可以使窗口在窗口最大化和恢复原状之间切换。

（2）最小化窗口。

方法一：打开"我的电脑"窗口，单击窗口标题栏右上角的"最小化"按钮。

方法二：打开"我的电脑"窗口，并打开"系统控制"菜单，然后选择"最小化"命令。

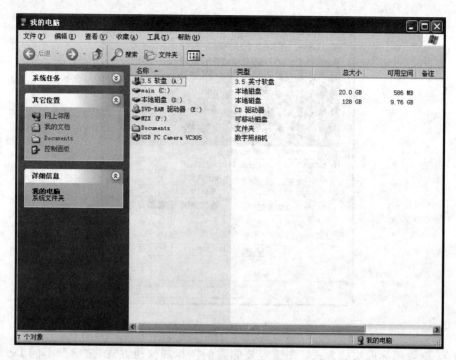

图1.7 "我的电脑"窗口

方法三：单击任务栏中的应用程序图标，可以使窗口在窗口最小化和恢复原状之间切换。

3）改变窗口尺寸的操作

打开"我的电脑"窗口，移动鼠标指针到窗口边框处，待指针变成双向箭头形状时拖动，可改变窗口尺寸为任意大小。

4）窗口滚动条的操作

打开"我的电脑"窗口，缩小"我的电脑"窗口，使窗口的右边及下边都出现滚动条。拖动滚动条，查看窗口中的信息。

5）窗口关闭的操作

方法一：打开"我的电脑"窗口，单击窗口标题栏上的"关闭"按钮。

方法二：打开"我的电脑"窗口，单击窗口标题栏左上角的控制菜单图标，选择"关闭"命令。

方法三：打开"我的电脑"窗口，右击窗口标题栏，在弹出的控制菜单中，选择"关闭"命令。

方法四：打开"我的电脑"窗口，按 Alt＋F4 组合键。

方法五：打开"我的电脑"窗口，右击任务栏中的"窗口"图标，在弹出的快捷菜单中，选择"关闭"命令。

方法六：打开"我的电脑"窗口，并打开"文件"菜单，选择"关闭"命令。

**7. 菜单和快捷菜单操作**

（1）打开"我的电脑"窗口，逐个执行菜单栏中各菜单命令，熟悉各菜单命令的作用。

（2）在菜单栏中选择"查看"→"详细信息"命令，观察窗口中文件和文件夹的显示方式。

（3）在菜单栏中选择"查看"→"缩略图"命令，观察窗口中文件和文件夹的显示方式。

（4）在菜单栏中选择"帮助"→"帮助和支持中心"命令，弹出"帮助"对话框，在其中找到 Windows XP 的简单使用说明，然后关闭"帮助"对话框。

（5）右击 Windows XP 桌面的空白处，在弹出的快捷菜单中选择"属性"命令，弹出"显示 属性"对话框，然后关闭"显示 属性"对话框。

（6）在桌面上右击"我的电脑"图标，在弹出的快捷菜单中选择"属性"命令，弹出"系统属性"对话框，然后关闭"系统属性"对话框。

（7）关闭"我的电脑"窗口。

### 8．控制面板操作

1）控制面板的启动

启动控制面板的方法很多，最常用的有以下 3 种。

方法一：在 Windows 资源管理器左窗格中，单击"控制面板"图标。

方法二：选择"开始"→"设置"命令，选择"控制面板"选项。

方法三：在"我的电脑"窗口中，双击"控制面板"图标。

控制面板启动后，出现图 1.8 所示的窗口。"控制面板"窗口列出了 Windows 提供的所有用来设置计算机的选项，常用的选项包括"日期、时间、语言和区域设置""添加/删除程序""声音、语音和音频设备"等。

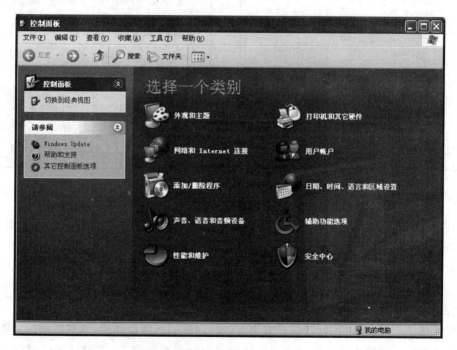

图 1.8 "控制面板"窗口

2）系统管理

启动控制面板后，单击"性能和维护"图标，接着单击"系统"图标，弹出图1.9所示的对话框。

在"常规"选项卡中，用户可以看到当前计算机系统的Windows版本、注册信息、CPU型号以及内存容量等信息。

在"计算机名"选项卡中，用户可以设置计算机的标识，也即在网络上访问这台计算机时应使用的名称。

在"硬件"选项卡中，如果用户想添加新硬件，可以选择"添加硬件向导"选项帮助用户添加新硬件。

此外，用户也可以设置"高级""系统还原""自动更新""远程"等属性。

3）鼠标设置

启动控制面板后，单击"打印机和其他硬件"图标，接着单击"鼠标"图标，弹出图1.10所示的对话框。

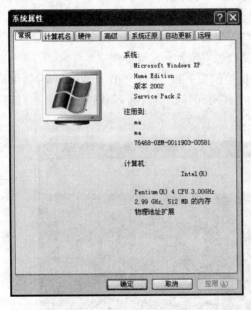

图1.9　"系统属性"对话框

图1.10　"鼠标 属性"对话框

（1）设置鼠标键。通常人们习惯用右手使用鼠标进行操作，但也有人习惯使用左手，因此Windows提供了可以设置右手、左手鼠标的方法。

在"鼠标键配置"组中，选中"切换主要和次要的按钮"复选框，则选择了左手鼠标。再次使用鼠标时，在操作上所称的"单击""双击"均为使用鼠标的右键，而弹出快捷菜单的方法则为单击鼠标的左键。

在该选项卡中，用户还可以调整双击时的时间间隔。速度越快，则双击时间间隔的时间就要求越短。调整方法是拖动表示速度的滑块到适当的位置，调整好后还可以双击右侧的文件夹图标来测试双击的速度。

（2）鼠标指针的设置。在"鼠标 属性"对话框中选择"指针"选项卡中,用户可以在"方案"下拉列表框中选择一种鼠标外形方案,也可以在"自定义"下拉列表框中选择一种状态,再单击"浏览"按钮来单独为那种状态选择一种指针形状,最后单击"确定"按钮。

4）声音设置

（1）在"控制面板"窗口中单击"声音、语音和音频设备"图标,接着单击"声音和音频设备"图标,弹出图1.11所示的"声音和音频设备 属性"对话框。

（2）选择"声音"选项卡,在"声音方案"下拉列表框中选择声音方案;在"程序事件"下拉列表框中,选择需要发出声音的事件;在"声音"下拉列表框中,选择该事件发生时需要发出的声音,并单击"确定"按钮。

（3）在"音量"选项卡中,选中"静音"复选框将取消声音。若选中"将音量图标放入任务栏"复选框,则在任务栏右下角区域将出现一个小喇叭图标,单击该图标可以调整音量或关闭声音,双击该图标可以打开"音量控制"对话框。

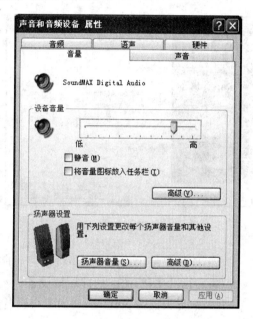

图1.11 "声音和音频设备 属性"对话框

5）打印机设置

打印机是常用的一种输出设备,下面介绍通过"控制面板"窗口进行添加打印机的方法。

（1）在"控制面板"窗口中单击"打印机和其他硬件"图标,然后在"打印机任务"组中选择"添加打印机"选项,则进入"添加打印机向导"程序,如图1.12所示。

选择"连接到这台计算机的本地打印机"单选按钮则指将打印机与用户正设置的机器相连接。

选择"网络打印机或连接到另一台计算机的打印机"单选按钮是指打印机没有连接在用户正使用的计算机上,而是连接在通过网络连接的其他计算机上。

（2）单击"下一步"按钮,设定打印机的连接端口。一般选LPT1,再单击"下一步"按钮。

（3）选择打印机厂商与打印机型号,该步骤为安装打印机的驱动程序。若列表中没有对应的打印机型号和厂商,则应选择从磁盘安装方式。

（4）在出现的对话框中为该打印机设定一个名称。

（5）单击"下一步"按钮后选择是否打印测试页。

（6）单击"完成"按钮,弹出了刚刚安装完的打印机的有关信息。

6）安装字体

方法一:启动"控制面板"窗口,单击"外观和主题"图标,并单击左任务栏的"字体"图标。在弹出的"字体"窗口中选择"文件"→"安装新字体"命令,然后在弹出的对话框中指明存放新字体的路径,并选中"将字体复制到 Fonts 文件夹"复选框。

方法二:把新字体文件粘贴到系统盘文件夹里,如 C:\WINDOWS\Fonts\,系统会自动安装。

7)添加新硬件

(1)单击控制面板上"打印机和其他硬件"图标,在"打印机和其他硬件"窗口左侧任务区选择"添加硬件"选项,则会打开图 1.13 所示的"添加硬件向导"对话框。

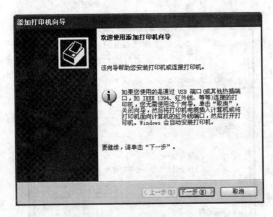
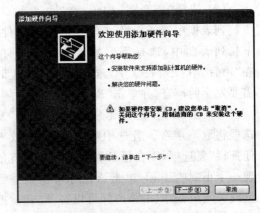

图 1.12　添加打印机向导　　　　图 1.13　"添加硬件向导"对话框

(2)向导提示用户关闭所有的应用程序。

(3)向导检测新的即插即用型设备。

(4)向导询问是否让 Windows 自己检测新的即插即用兼容型设备,一般用户单击"是"按钮让系统检测。

(5)如果检测到了新的硬件设备,向导会显示检测到的新设备,再进行安装。

(6)如果检测不到新的硬件设备,则必须手工安装,需要用户选择硬件类型、产品厂商和产品型号。

# 三、实验内容

1. 通过实验指导,练习 Windows XP 的启动、关闭基本操作。

2. 通过实验指导,练习图标、快捷方式、"开始"按钮、任务栏的操作方法和步骤。

3. 通过实验指导,练习窗口、菜单、对话框等内容的操作方法和步骤。

4. 通过实验指导,练习控制面板的设置,包括系统设置、鼠标设置、声音设置、打印机设置、添加字体、添加新硬件等。

5. 试调整计算机桌面系统的布置,移动并重新排列图标。

6. 将活动窗口的背景设为浅灰色。

7. 将显示分辨率设为 1024×768 像素,16 位颜色质量。

# 四、实验后思考

1. 中文 Windows XP 窗口主要由哪些部分组成?

2. 有哪些方法可以增加或减少图标?

3. 窗口和对话框有什么联系和区别?

4. 在中文 Windows XP 中,鼠标有多种操作方式,总结一下单击、双击、拖动等通常用在什么场合? 在什么情况下使用鼠标右键?

5. 在一些菜单命令中,有些命令是深色,有些命令是暗灰色,有些命令后面还跟字母或组合键,它们分别表示什么含义?

6. 剪贴板的作用与功能是什么? 怎样使用剪贴板进行信息传递实现信息共享?

7. 在浏览栏中,"+""-"各代表什么?

8. 如果把某一图标的快捷方式删除,原程序会怎样?

9. 属性是"只读"的含义是什么?

10. 实验后有何体会和收获?

# 实验二
# Windows XP 文件操作及应用

## 一、实验目的

1. 理解中文 Windows XP 文件管理的基本概念及管理功能。
2. 掌握在资源管理器中进行文件、磁盘操作的基本方法。
3. 学会使用一种中文输入法，能够在"写字板"内进行简单的文字编辑。
4. 学会使用 Windows XP 帮助。

## 二、实验指导

### 1. 资源管理器的基本操作

启动资源管理器的操作方法如下。

方法一：单击"开始"按钮，选择"程序"→"附件"→"Windows 资源管理器"命令。

方法二：在桌面上右击"我的电脑"或"我的文档"或"回收站"图标，在弹出的快捷菜单中选择"资源管理器"命令。

方法三：在"我的电脑"窗口右边的用户工作区任选一个对象右击，在弹出的快捷菜单中选择"资源管理器"命令。

方法四：按 Win+E 组合键，弹出"资源管理器"窗口，如图 2.1 所示。

### 2. 文件夹和文件操作

1) 选定文件夹或文件

Windows XP 中选定文件夹或文件以反白显示，选择方法如下。

(1) 单个目标的选择：直接在图标上单击。

(2) 多个连续目标的选择：先单击要选的第一个图标，然后按住 Shift 键，再单击要选择的最后一个文件夹图标。

(3) 全选：选择"编辑"→"全部选中"命令，或按 Ctrl+A 组合键可以实现全选。

(4) 多个不连续目标的选择：按住 Ctrl 键逐个单击要选取的文件夹图标。

(5) 反向选择：先选中一个或多个文件或文件夹，然后选择"编辑"→"反向选择"命令，则原来没有选中的都选中了，而原来选中的都变为没选中。

图 2.1　"资源管理器"窗口

（6）取消选择：在空白处单击则取消选择。

2）新建文件夹

方法一：在文件夹列表框选择新建文件夹的上级文件夹，然后选择"文件"→"新建"→"文件夹"命令，接着文件内容列表框区出现一个"新建文件夹"图标，输入文件名，然后按Enter键或在空白处单击。

方法二：在文件夹列表窗口选择新建文件夹的上级文件夹，然后在文件内容列表窗口空白处右击，并在弹出的快捷菜单中选择"新建文件夹"命令，接着在文件内容列表窗口出现一个"新建文件夹"图标，输入文件名，然后按Enter键或在空白处单击。

3）打开文件夹或文件

打开文件夹或文件可以采用下述任何一种方法。

（1）在文件窗口双击要打开对象的图标。

（2）在文件夹中选定待打开的对象，选择"文件"→"打开"命令。

（3）在待打开对象上右击，在弹出的快捷菜单中选择"打开"命令。

（4）选中待打开的对象后按Enter键。

4）复制、移动文件夹或文件

复制是指原来位置上的文件夹或文件仍然保留，而在新位置上建立一个与原来位置的文件夹或文件一样的副本；移动是指文件夹或文件从原来的位置上消失而出现在新位置上。具体方法有以下6种。

（1）鼠标左键拖动法。

① 移动文件夹或文件。选中要操作的对象，如果在同一驱动器上移动对象，直接拖动对象到目标位置；如果在不同驱动器上移动对象，按住Shift键，然后将选中的对象拖到目标位置，松开Shift键和鼠标左键。

② 复制文件夹或文件。选中要操作的对象,如果在同一驱动器上复制对象,按住 Ctrl 键,然后用鼠标将选定的文件夹拖到目标位置;如果在不同驱动器上复制对象,直接拖动对象到目标位置。

(2) 鼠标右键拖动法。右键拖放选定的对象,在弹出快捷菜单中选择"复制到当前位置"或"移动到当前位置"命令。

(3) "编辑"菜单法。在文件夹中选中要操作的对象,选择"编辑"→"复制"命令,然后在目标文件夹位置上选择"编辑"→"粘贴"命令。

(4) "快捷"菜单法。选中要操作的对象,右击并在弹出的快捷菜单中选择"剪切"(等同于移动操作)或"复制"命令,然后同样在目标位置上右击,在弹出的快捷菜单中选择"粘贴"命令。

(5) 快捷键法。选中要操作的对象,按 Ctrl+C 组合键完成复制操作,若按 Ctrl+X 组合键等同于"剪切"操作,然后在目标位置上按 Ctrl+V 组合键。

(6) 发送对象到指定位置。选中要操作的对象,右击并在快捷菜单中选择"发送到"命令,如发送到 3.5 软盘(A)即可将对象复制到指定的软盘中。

5) 修改文件夹或文件名

在文件夹中选中要修改的对象,选择"文件"→"重命名"命令,或右击并在弹出的快捷菜单中选择"重命名"命令,或者在对象上单击,待变成反显加框状态后,输入新的名称,然后按 Enter 键或在空白处单击。若刚改名后又要恢复原来的名称,可选择"编辑"→"撤销重命名"命令。

6) 删除文件夹或文件

在文件夹中选中要删除的对象,选择"文件"→"删除"命令或在对象上右击,在弹出的快捷菜单中选择"删除"命令,或者选中后按 Delete 键,若真要删除,在出现的确认对话框中单击"是"按钮,否则单击"否"按钮。如果删除的信息不需要放在回收站,可在选择"删除"命令时按 Shift 键。

需要注意的是,如果删除的是软盘、U 盘、移动硬盘或者网络上的文件,将不经过回收站,直接删除且不可恢复。

7) 显示和修改设置文件夹或文件属性

在文件夹或文件上右击,在弹出的快捷菜单中选择"属性"命令。将会弹出该文件夹的属性对话框,如图 2.2 所示。图中的"常规"选项卡将显示文件大小、位置、类型等。另外,还可设置文件夹或文件为只读、隐藏、存档等,以实现文件夹或文件的读/写保护。

文件夹属性对话框中的"共享"选项卡,用来设定文件夹的共享属性供网上其他用户访问。如果选中"在网络上共享这个文件夹"复选框,则"共享名"文本框将显示当前文件夹的名称。用户数限制可以设定为最多用户,即为所有用户可以访问,而"允许"选项是限制用户个数的。单击"权限"按钮可以设定网上注册用户对该文件夹的权限。

**3. 回收站操作**

从硬盘上删除的内容将被放到回收站内,有关回收站的操作如下。

1）清空回收站

方法一：右击桌面上的"回收站"图标，在弹出的快捷菜单中选择"清空回收站"命令。

方法二：双击桌面上的"回收站"图标，打开"回收站"窗口，选择"文件"→"清空回收站"命令。

2）彻底删除某个文件夹或文件

方法一：双击桌面上的"回收站"图标，打开"回收站"窗口，选中要彻底删除的文件夹或文件，选择"文件"→"删除"命令。

方法二：双击桌面上的"回收站"图标，打开"回收站"窗口，右击要彻底删除的文件夹或文件，在弹出的快捷菜单中选择"删除"命令。

3）还原文件夹或文件

方法一：双击桌面上的"回收站"图标，打开"回收站"窗口，选中要还原的文件夹或文件，选择"文件"→"还原"命令。

方法二：双击桌面上的"回收站"图标，打开"回收站"窗口，右击要彻底删除的文件夹或文件，在弹出的快捷菜单中选择"还原"命令。

### 4. 文件的搜索

打开搜索对话框的方法有以下几种。

方法一：在任何文件夹窗口单击工具栏上的"搜索"按钮。

方法二：右击某一文件夹或盘符，从快捷菜单中选择"搜索"命令。

方法三：在"开始"菜单中，选择"开始"→"搜索"命令，弹出图2.3所示的"搜索结果"对话框。

图2.2 文件夹属性对话框

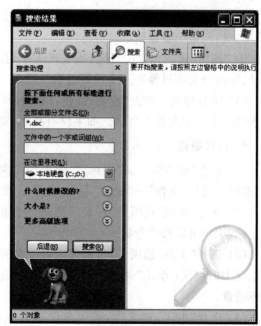

图2.3 "搜索结果"对话框

下面以搜索文件和文件夹为例介绍搜索的方法和步骤。

(1) 选择搜索对象的类型。可供用户选择的对象类型有以下几种。

① 图片、音乐或视频;

② 文档(文字处理、电子数据表等);

③ 所有文件和文件夹;

④ 计算机或用户。

(2) 设定搜索条件。

① "全部或部分文件名"文本框:用户可以输入要搜索的文件夹名或文件名。这里的文件夹和文件的名字可以使用通配符"?"或"＊"来实现模糊搜索。"?"表示替代 0 个或 1 个字符,"＊"表示替代 0 个字符或多个字符。常见模糊文件名的含义见表 2.1。

表 2.1　常见模糊文件名的含义

| 模糊文件名 | 含　　义 |
| --- | --- |
| A??.TXT | 以 A 开头,长度为 3,扩展名为.TXT 的所有文件 |
| B? CC.＊ | 以 B 开头,第 3、4 字符为 CC,扩展名任意的所有文件 |
| ? C＊.＊ | 第 2 字符为 C 的所有文件 |
| ＊.DOC | 扩展名为.DOC 的所有文件 |
| ＊.＊ | 所有文件 |

② "文件中的一个字或词组"文本框:当不知道文件名或文件类型时,可以提供文件中所包含的文字进行搜索。查找范围小时,搜索速度快,但容易遗漏;范围大时,则反之。

③ "在这里寻找"下拉列表框:设定搜索范围,可以是"我的电脑""我的文档""桌面""共享文档"、某个磁盘驱动器等范围。

④ "搜索"选项包含按日期、按文件大小、按文件类型、按系统目录、按隐藏的文件或目录、按区分大小写等进一步设置搜索条件。

(3) 执行搜索。单击"搜索"按钮,稍等片刻,用户可在右窗格的"搜索结果"栏中看到搜索到的文件和文件夹列表。如果没有找到,则显示"搜索完毕,没有结果可显示"信息。

### 5. 管理磁盘

(1) 右击"磁盘驱动器"图标,在弹出快捷菜单中选择"属性"命令,或选中"磁盘驱动器"图标并选择"文件"→"属性"命令,将弹出图 2.4 所示的磁盘属性对话框。

(2) 选择"常规"选项卡,可显示磁盘的容量及可用空间。"卷标"文本框中显示磁盘的卷标,用户可以修改卷标。

(3) 选择"工具"选项卡,可以完成对磁盘的维护操作。单击"开始测试"按钮,可以检测磁盘中的错误;单击"开始备份"按钮,可以进行磁盘备份;单击"开始整理"按钮,可以整理磁盘。

(4) 选择"共享"选项卡,可用来设定磁盘的共享属性供网上其他用户访问。选择"如果了解共享驱动器根的风险但仍希望共享,请单击此处"选项,并执行下面其中一种操作。

① 如果"在网络上共享这个文件夹"复选框可用,请选中此复选框。

② 如果"在网络上共享这个文件夹"复选框不可用,则该计算机不在网络上。

③ 如果想要建立家庭网络或小型办公室网络,请单击"网络设置向导"链接,然后根据指令打开文件共享。一旦启用了共享,请再次执行该过程。

**6. "画图"程序操作**

"画图"是一个简单的图形处理程序,其所创建的文件扩展名默认为. bmp,意为"位图"。用"画图"可绘制图形,也可编辑已存在的图片,其窗口组成如图 2.5 所示。

图 2.4 磁盘属性对话框

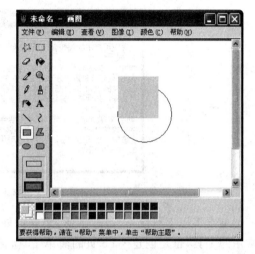

图 2.5 "画图"程序窗口

窗口由绘图区、工具箱、线宽框、状态栏等部分组成。下面以一个实例来说明"画图"的基本用法。

(1)打开"画图"程序,在窗口左边的工具箱中单击"矩形"按钮。

(2)在窗口中的工作区域拖动鼠标,画出一个矩形框。

(3)单击窗口下边的红色方块,工作区中添加一个红色矩形。

(4)在工具箱中单击"椭圆"按钮,在工作区域拖动鼠标画椭圆;在拖动鼠标时按住Shift 键,则可画正圆。

(5)输入或编排文字:在工具箱中单击"文字"按钮,在工作区沿对角线拖动鼠标,创建一个文字框。单击文字框内的任意位置,输入文字"Windows XP 画图程序"。在颜料盒中单击一种颜色,可改变文字的颜色。

(6)用颜色填充:在工具箱中单击"填充"按钮,在颜料盒中选出一种颜色,并单击要填充的对象。若用前景色填充,则单击选定区域;若用背景色填充,则右击选定区域。

(7)将彩色图片转换为黑白图片:在菜单栏上选择"图像"→"属性"命令,弹出"属性"对话框,在"颜色"组内选中"黑白"单选按钮,并单击"确定"按钮。

(8)打印图片:选择"文件"→"打印"命令,在弹出的"打印"对话框中确定选择项,单击"确定"按钮。

（9）将图像设置成桌面背景：选择"文件"→"设置为墙纸（平铺）"或"设置为墙纸（居中）"命令。

（10）保存画图文件：绘制好图像后，选择"文件"→"保存"或"另存为"命令，可以将图像保存起来。"画图"程序支持的图像保存格式有多种格式，用户可以根据需要更改图像格式。

**7. "记事本"程序操作**

记事本是一个简单的文本编辑器，文本中的字符只能是文字和数字，不含格式信息，且仅有少数几种字体，如图2.6所示。

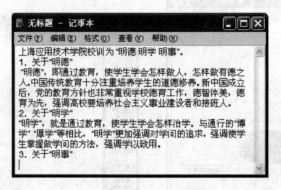

图2.6　"记事本"程序窗口

记事本多用于写便条、备忘事项、建立批处理文件等，是编辑或查看文本（.txt）文件最常用的工具，也是创建 Web 页的简单工具，文件最长为64KB。下面以一个实例来说明记事本的基本用法。

（1）打开"记事本"窗口，输入以下文字。

---

**上海应用技术学院校训为"明德 明学 明事"。**

　1. 关于"明德"

"明德"，即通过教育，使学生学会怎样做人，怎样做有德之人。中国传统教育十分注重培养学生的道德修养。新中国成立后，党的教育方针也非常重视学校德育工作，德智体美，德育为先，强调高校要培养社会主义事业建设者和接班人。

　2. 关于"明学"

"明学"，就是通过教育，使学生学会怎样治学。与通行的"博学""厚学"等相比，"明学"更加强调对学问的追求，强调使学生掌握做学问的方法，强调学以致用。

　3. 关于"明事"

"明事"，就是通过教育，使学生学会怎样做事。中国传统文化往往把"会做事"作为对人的一种积极评价，"君子敏于事而慎于言"。（《论语·学而》）现代大学教育十分重视对大学生动手能力和实践能力的培养，即培养学生做事的能力。明事，重要的是"明事理""明事功""明事巧"，即懂得做事的道理、做事的价值、做事的技巧，这也较符合我校培养高层次应用技术人才的定位。

---

（2）查找字符或单词：选择"编辑"→"查找"命令，弹出"查找"对话框，在"查找内容"文本框中输入要查找的字符或单词，单击"查找下一个"按钮。

（3）复制、剪切和粘贴文字：用鼠标选中需要的文字，选择"编辑"→"复制"或"剪切"命令，可完成文字的复制或剪切，再选择"编辑"→"粘贴"命令可完成文字的粘贴。

（4）按窗口大小换行：在菜单栏上选择"格式"→"自动换行"命令。

（5）在文档中插入时间和日期：将插入点移到准备显示时间和日期的位置，在菜单栏上选择"编辑"→"时间/日期"命令。

（6）保存文件：选择"文件"→"保存"命令或按 Ctrl＋S 组合键，在弹出的"保存"对话框中，选择保存位置为"D:"，输入文件名"校训"，选择保存类型为.txt，单击"保存"按钮，将文件保存。

**8. 系统工具操作**

1）磁盘备份与还原

单击"开始"按钮，选择"程序"→"附件"→"系统工具"→"备份"，就可以启动"备份"对话框。如果在"附件"级联菜单上没有看到"备份"命令，则计算机没有安装该程序，可在控制面板中安装该程序。

在"作业"菜单上，单击"新建"命令，将显示"备份"窗口，单击"所有选择的文件"或"新建与已更改的文件"，选中与要备份的驱动器、文件夹和文件关联的复选框，在"备份至何处"中选择备份目标位置，要立即运行该备份作业，请单击"开始"按钮。

选择"还原"选项卡，选中与要还原的驱动器、文件夹和文件关联的复选框，在"还原至何处"下拉列表框中选择还原目标位置。单击"选项"按钮，做好相应设置后，单击"开始"按钮。

2）"磁盘扫描"程序

单击"开始"按钮，选择"程序"→"附件"→"系统工具"→"磁盘扫描程序"，就可以启动"磁盘扫描"程序。

**注意**：要指定"磁盘扫描"程序发现错误后的修复方式，必须取消"自动修复错误"复选框。

3）"磁盘碎片整理"程序

单击"开始"按钮，选择"程序"→"附件"→"系统工具"→"磁盘碎片整理程序"，就可以启动"磁盘碎片整理"程序。通常要经磁盘扫描检查磁盘无错误后，方可以进行磁盘碎片整理。

## 三、实验内容

1. 通过实验指导，在资源管理器中进行文件管理、磁盘操作、文件和文件夹操作。

2. 在"系统信息"中摘录以下内容：Windows 目录、OS 版本、BIOS 版本/日期、处理器、总的物理内存。

**提示**：在 Windows"开始"菜单中选择"所有程序"→"附件"→"系统工具"→"系统信息"命令。

3. 在系统信息找到"启动程序"记录下启动程序名字。

4. 记下使用的计算机的名字。

5. 查看设备管理器,并记下网络适配器的型号和显卡的型号。

6. 通过"添加和删除程序",删除游戏中的纸牌游戏。

7. 学习剪贴板的使用。(可根据教材中的相关内容,自我练习)

8. 在 D 盘上建立一个画图文件夹,一个记事本文件夹,文件夹名自定。

9. 在 Windows 目录中搜索文件大小小于 10KB 的文件,搜索结果以列表形式显示,并将搜索到结果的窗口屏幕复制、粘贴到画图程序,并以文件名"my 搜索.jpg"保存到记事本文件夹内。

10. 在 Windows 帮助中找到"搜索文件或文件夹",将内容粘贴记事本程序,并以文件名"my 帮助.txt"保存到记事本文件夹内。

提示:单击桌面空白处,然后按 F1 键可进入 Windows 帮助。

11. 使用画图程序,随意画一幅图画,将其以文件名 myfirst.bmp 保存到画图文件夹内。

12. 对记事本文件夹内的文件,利用写字板进行简单的文字编辑。(自由发挥)

# 四、实验后思考

1. 在 D 盘新建一文件夹名为 shixi3,在其下再以自己的姓名新建一文件夹。

2. 把 C 盘根目录下的 config.sys 和 autoexec.bat 的文件复制到姓名文件夹下。

3. 把复制的 config.sys 文件换名再复制为 config.bat。

4. 把 config.bat 改成只读型。

5. 剪贴板的作用与功能是什么?怎样使用剪贴板进行信息传递实现信息共享?

6. 如果把某一图标的快捷方式删除,原程序会怎样?

7. 实验后有何体会和收获?

# 实验三
# Windows 7 基本操作

## 一、实验目的

1. 掌握 Windows 7 的启动、关闭操作。
2. 掌握 Windows 7 桌面、窗口和菜单的组成和操作。
3. 掌握 Windows 7 控制面板的设置。
4. 掌握 Windows 7 的一些基本参数设置。

## 二、实验指导

### 1. Windows 7 的启动

1）Windows 7 的正常启动

检查计算机连接设备，先开启显示器电源，再开启主机电源。

2）进入 Windows 7 安全模式

启动 Windows 7 时，按 F8 键，在 Windows 高级选项菜单中使用键盘上的↑键或↓键将白色光带移动到"安全模式"选项上，按 Enter 键进入安全模式。

3）Windows 7 重新启动的操作

方法一：按主机箱上的 Reset 键。

方法二：启动 Windows 7 后，连续按两次 Ctrl＋Alt＋Delete 组合键。

### 2. Windows 7 的关闭

（1）保存所有需要保存的数据。

（2）关闭所有正在运行的应用程序。

（3）关闭计算机。

单击"开始"按钮，并单击"开始"菜单中的"关机"按钮旁的三角按钮，在弹出的"关闭"级联菜单中（见图 3.1），执行以下操作。

选择"切换用户"命令，可以在不注销当前用户的情况下重新登录。

选择"注销"命令，可以关闭当前用户。

选择"重新启动"命令，则可以在不关闭主机电源的情况下重新启动 Windows 7。

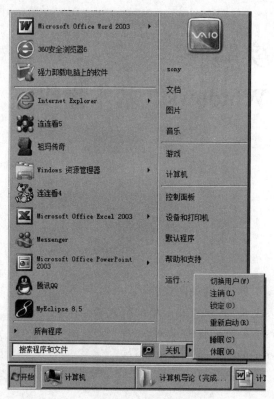

图 3.1　"关闭计算机"界面

选择"休眠"命令,则 Windows 7 进入睡眠状态,节省计算机电量和资源,而按键盘上的任意键或动一下鼠标就可以随时恢复正常状态。

**3. Windows 7 桌面操作**

Windows 7 中将整个屏幕称为"桌面",这是用户操作的工作环境,如图 3.2 所示。

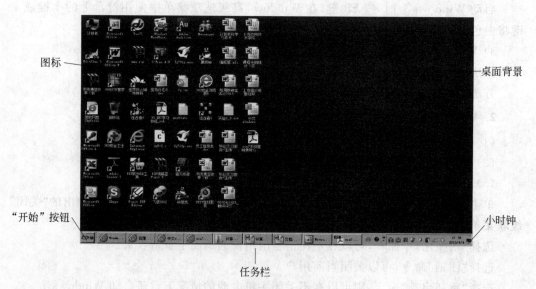

图 3.2　Windows 7 桌面

（1）桌面图标操作。桌面是 Windows 7 的屏幕工作区,桌面的几种常用工具有"计算机""网络"及"回收站"。

在桌面的左边有若干个上面是图形、下面是文字说明的组合,这种组合称为图标。用户可以双击图标来打开相应的程序,或者右击图标并在弹出的快捷菜单中选择"打开"命令来执行相应的程序。

（2）整理桌面图标。右击桌面空白处,弹出图 3.3 所示的快捷菜单。

图 3.3　Windows 7 桌面整理

在弹出的快捷菜单中选择"个性化"命令,可以对桌面进行整理,如图 3.4 所示。

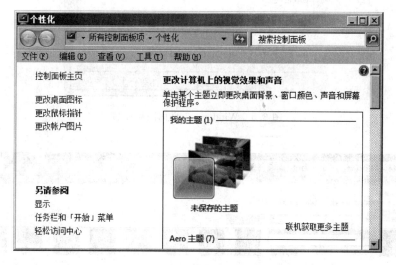

图 3.4　Windows 7 桌面个性化

在默认的状态下,Windows 7 安装之后桌面上已保留了回收站的图标。在"个性化"设置窗口中选择左侧的"更改桌面图标"选项。在 Windows 7 中,XP 系统下"我的电脑"和"我的文档"图标已相应改名为"计算机""用户的文件",因此在图 3.5 所示的选项卡中选中对应复选框,桌面便会重现这些图标。

在弹出的快捷菜单中选择"排列方式"命令,可以对图标按名称、按项目类型、按大小、按修改日期或以自动排列等方式进行排列。

（3）选择"主题"选项卡。在"主题"下拉列表框中选择"Windows 7 Basic"经典选项,单击"确定"按钮,观察桌面变化。

（4）选择"桌面背景"选项卡,如图 3.6 所示。在"背景"下拉列表框中选择"纯色"、"Windows 桌面背景"选项,或以一幅系统默认的图片或将自己喜爱的图片作为桌面墙纸,选择居中或平铺或拉伸显示方式,单击"保存修改"按钮,观察桌面变化。

（5）选择"屏幕保护程序"选项卡,如图 3.7 所示,在"屏幕保护程序"下拉列表框中选择任意一种屏幕保护程序,如三维文字,单击"预览"按钮,预览屏幕保护程序。并调整等待时间,如 5 分钟,也可以选中"在恢复时使用密码保护"复选框,单击"确定"按钮即可完

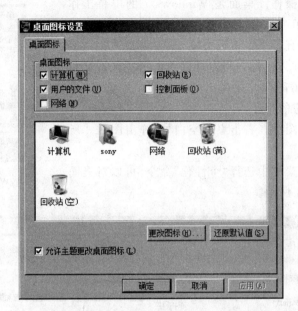

图 3.5　Windows 7 桌面图标设置

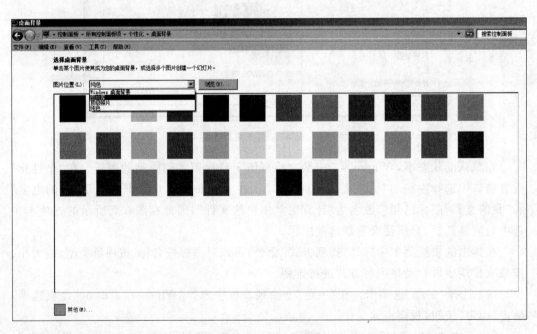

图 3.6　Windows 7 桌面背景设置

成屏幕保护程序的设置。

　　(6) 选择"窗口颜色和外观"选项卡,如图 3.8 所示。可以选择"菜单"选项,设置其颜色、字体大小、字体颜色等,单击"确定"按钮,观察窗口变化。

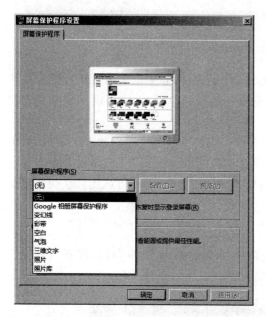

图 3.7  Windows 7 屏幕保护程序设置          图 3.8  Windows 7 窗口颜色和外观设置

（7）"开始"按钮操作。位于桌面左下角带有 Windows 图标的按钮就是"开始"按钮。单击"开始"按钮后,就会显示"开始"菜单,如图 3.9 所示。利用"开始"菜单可以运行程序、打开文档及执行其他常规操作,用户所要做的工作几乎都可以通过它来完成。

（8）任务栏主要操作。任务栏通常放置在桌面的最下端,如图 3.10 所示。任务栏包括"开始"按钮、快速启动栏、任务切换栏和指示器栏 4 部分。

① 任务栏属性的设置。右击任务栏空白处,在打开的快捷菜单中选择"属性"命令,弹出"任务栏和「开始」菜单属性"对话框。

在"任务栏"选项卡中用户可以对锁定任务栏、自动隐藏任务栏、将任务栏保持在其他窗口的前端、分组相似任务栏按钮、显示快速启动和显示时钟、隐藏不活动的图标等选项进行设置。在"「开始」菜单"选项卡中用户可以对开始菜单的风格进行设置。设置完成后,单击"确定"按钮,注意变化。

② 任务栏高度的调整。将鼠标指向任务栏的上边缘处,待鼠标指针变成双向箭头形状时,用鼠标上下拖动可以改变任务栏的高度,但最高只可调整至桌面的 1/2 处。

图 3.9  Windows 7"开始"菜单

图 3.10　Windows 7 任务栏

③ 任务栏位置的调整。任务栏默认位置在桌面的底部,如果需要也可以将任务栏移动到桌面的顶部或两侧。方法是将鼠标指针指向任务栏的空白处,向桌面的顶部或者两侧拖动释放。

④ 快速启动栏项目的调整。将桌面图标直接拖向任务栏的快速启动栏区域内,就可将其加入快速启动栏内。同样也可以将快速启动栏内的图标拖到桌面上,或者右击快速启动栏内的某一图标,并从弹出的快捷菜单内选择"删除"命令,即可将该图标从快速启动栏内删除。

**4. 设置显示属性**

(1) 在桌面右击,并在弹出的快捷菜单中选择"屏幕分辨率"命令,可以设置具有个性化的桌面属性,如图 3.11 所示。

图 3.11　"屏幕分辨率"窗口

(2) 选择"开始"菜单中的"控制面板"命令,选择"外观和个性化"选项,再选择"显示"选项,可以设置更多的具有个性化的桌面属性,如图 3.12 所示。

**5. 图标和快捷方式操作**

(1) 选定图标或快捷方式:单击某一图标,该图标颜色变深,即被选定。

(2) 移动图标或快捷方式:将鼠标光标移动到某一图标上,拖动图标到某一位置后再释放,图标就被移动到该位置。

(3) 执行图标或快捷方式:双击图标或快捷方式就会执行相应的程序或文档。

(4) 复制图标或快捷方式:要把窗口中的图标或快捷方式复制到桌面上,可以按住 Ctrl 键不放,然后拖动图标或快捷方式到指定的位置上,再释放 Ctrl 键和鼠标左键,即可完成图标或快捷方式的复制。

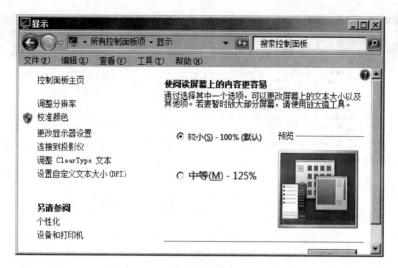

图 3.12 控制面板中的"显示"属性设置

（5）删除图标或快捷方式：先选定要删除的图标或快捷方式，按键盘上的 Delete 键即可删除。

（6）快捷方式的建立：右击对象，在弹出的快捷菜单中选择"发送到桌面快捷方式"命令。

**6. 窗口操作**

1）移动窗口的操作

方法一：双击"计算机"图标，打开图 3.13 所示的窗口，然后直接拖动窗口的标题栏到指定的位置。

方法二：双击"计算机"图标，打开图 3.13 所示的窗口，按 Alt＋Space 组合键，打开"系统控制"菜单，使用箭头键选择"移动"命令。然后再次使用箭头键将窗口移动到指定的位置上，按 Enter 键。

2）窗口最大化、最小化操作

（1）最大化窗口。

方法一：打开"计算机"窗口，单击窗口标题栏右上角的"最大化"按钮。

方法二：打开"计算机"窗口，并打开"系统控制"菜单，然后选择"最大化"命令。

方法三：打开"计算机"窗口，双击窗口标题栏，可以使窗口在窗口最大化和恢复原状之间切换。

（2）最小化窗口。

方法一：打开"计算机"窗口，单击窗口标题栏右上角的"最小化"按钮。

方法二：打开"计算机"窗口，并打开"系统控制"菜单，然后选择"最小化"命令。

方法三：单击任务栏上的"应用程序"图标，可以使窗口在窗口最小化和恢复原状之间切换。

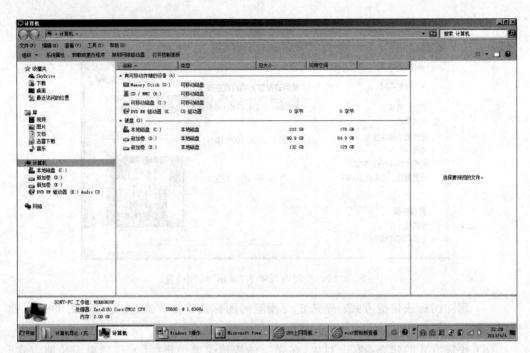

图 3.13 "计算机"窗口

3）改变窗口尺寸的操作

打开"计算机"窗口,移动鼠标到窗口边框处,待鼠标变成双向箭头形状时拖动,可改变窗口尺寸为任意大小。

4）窗口滚动条的操作

打开"计算机"窗口,缩小"计算机"窗口,使窗口的右边及下边都出现滚动条。拖动滚动条,查看窗口中的信息。

5）窗口关闭的操作

方法一:打开"计算机"窗口,单击窗口标题栏中的"关闭"按钮。

方法二:打开"计算机"窗口,单击窗口标题栏左上角的控制菜单图标,选择"关闭"命令。

方法三:打开"计算机"窗口,右击窗口标题栏,在弹出的控制菜单中,选择"关闭"命令。

方法四:打开"计算机"窗口,按 Alt＋F4 组合键。

方法五:打开"计算机"窗口,右击任务栏的"窗口"图标,在弹出的快捷菜单中,选择"关闭"命令。

方法六:打开"计算机"窗口,打开窗口"文件"菜单,选择"关闭"命令。

**7. 菜单和快捷菜单操作**

(1) 打开"计算机"窗口,逐个执行菜单栏中各菜单命令,熟悉菜单命令的作用。

（2）在菜单栏中选择"查看"→"详细信息"命令，观察窗口中文件和文件夹的显示方式。

（3）在菜单栏中选择"查看"→"小图表"命令，观察窗口中文件和文件夹的显示方式。

（4）在菜单栏中选择"帮助"→"查看帮助"命令，弹出"帮助"对话框，如图3.14所示，在其中找到Windows 7的简单使用说明，然后关闭"帮助"对话框。

（5）在桌面上右击"计算机"图标，在弹出的快捷菜单中选择"属性"命令，弹出"系统"对话框，然后关闭"系统"对话框。

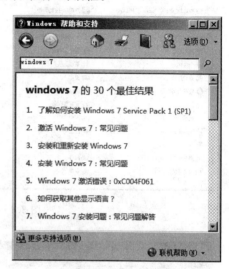

图3.14 "帮助"对话框

（6）关闭"计算机"窗口。

### 8. 控制面板操作

1）控制面板的启动

启动控制面板的方法很多，最常用的有下列3种。

方法一：在桌面上右击"计算机"图标，在弹出的快捷菜单中选择"属性"命令，弹出"系统"对话框，选择"控制面板"选项。

方法二：在"开始"菜单中，选择"控制面板"命令。

方法三：右击桌面空白处，在弹出的快捷菜单中选择"个性化"命令，然后选择"控制面板"选项。

控制面板启动后，出现图3.15所示的窗口。控制面板窗口列出了Windows提供的所有用来设置计算机的选项，常用的选项包括"日期和时间""显示""程序和功能""键盘""鼠标"和"声音"等。

2）系统管理

启动控制面板后，单击"系统"图标，弹出图3.16所示的窗口。

用户可以看到当前计算机系统的Windows版本、注册信息、CPU型号以及内存容量等信息。在"计算机名称、域和工作组设置"组中，用户可以选择"更改设置"选项来修改计算机的标识，也即在网络上访问这台计算机应使用的名称。

选择"设备管理器"选项，用户可以查看硬件设备。

用户也可以选择"高级系统设置"选项进行系统属性的设置。

3）鼠标设置

启动控制面板后，单击"鼠标"图标，弹出图3.17所示的对话框。

（1）设置鼠标键。通常人们习惯用右手使用鼠标进行操作，但也有人习惯使用左手，Windows提供了可以设置右手、左手鼠标的方法。

（2）在"鼠标键配置"组中，选中"切换主要和次要的按钮"复选框，则选择了左手鼠标。再次使用鼠标时，在操作上所称的"单击""双击"均为鼠标的右键操作，而弹出快捷菜单的方法则为单击鼠标的左键。

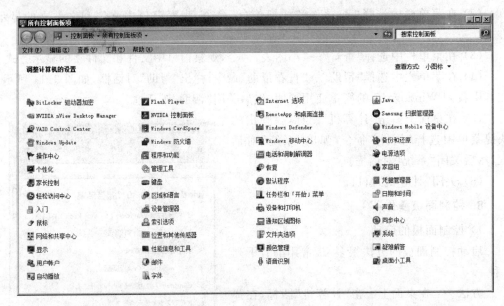

图 3.15 "控制面板"窗口

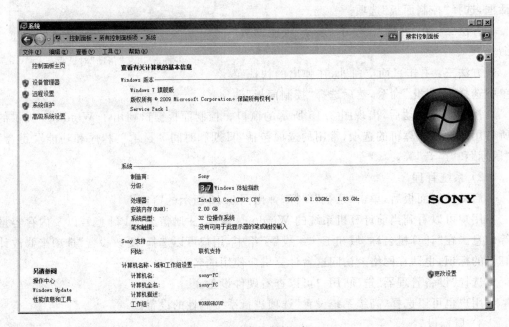

图 3.16 "系统属性"窗口

(3) 在该选项卡中,用户可以调整双击时的时间间隔。速度越快,则双击时的间隔时间就要求越短。调整方法是拖动表示速度的滑块到适当的位置,调整好后还可以双击右侧的文件夹图标来测试双击的速度。

(4) 鼠标指针的设置。在"鼠标 属性"对话框中选择"指针"选项卡,用户可以在"方案"下拉列表框中选择一种鼠标外形方案,也可以在"自定义"下拉列表框中选择一种状态,再单击"浏览"按钮单独为那种状态选择一种指针形状,最后单击"确定"按钮。

4）声音设置

（1）单击"声音"图标，弹出图3.18所示的"声音"对话框。

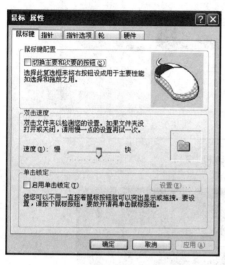

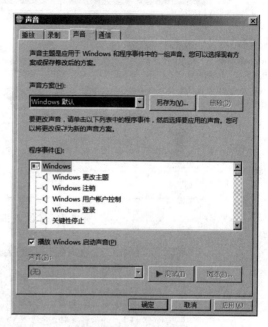

图3.17 "鼠标 属性"对话框                图3.18 "声音"对话框

（2）选择"声音"选项卡，在"声音方案"下拉列表框中选择声音方案；在"程序事件"下拉列表框中，选择需要发出声音的事件；在"声音"下拉列表框中，选择该事件发生时需要发出的声音，并单击"确定"按钮。

5）打印机设置

打印机是常用的一种输出设备，下面介绍通过"控制面板"窗口进行添加打印机的方法。

（1）单击"设备和打印机"图标，弹出图3.19所示的窗口，然后选择"添加打印机"选项，则进入添加打印机向导程序，如图3.20所示。

选择"添加本地打印机"选项则指将打印机与用户正设置的计算机相连接。

选择"添加网络、无线或Bluetooth打印机"选项是指打印机没有连接在用户正使用的计算机上，而是连接在通过网络连接的其他计算机上。

（2）单击"下一步"按钮，设定打印机的连接端口。一般选LPT1，再单击"下一步"按钮。

（3）选择打印机厂商与打印机型号，该步骤为安装打印机的驱动程序。若列表中没有对应的打印机型号和厂商，则应选择从磁盘安装方式。

（4）在出现的对话框中为该打印机设定一个名称。

（5）单击"下一步"按钮后选择是否打印测试页。

（6）单击"完成"按钮，弹出了刚刚安装完的打印机的有关信息。

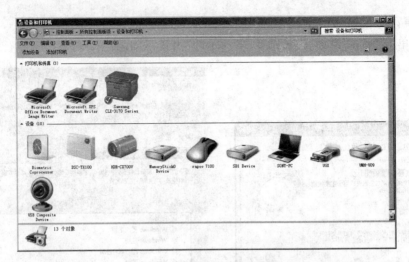

图 3.19　"设备和打印机"窗口

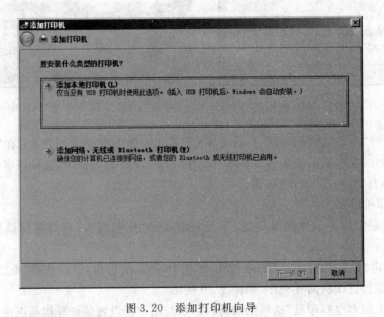

图 3.20　添加打印机向导

6) 添加新硬件

(1) 单击控制面板上"设备和打印机"图标,在弹出的"设备和打印机"窗口中选择"添加硬件"选项,则会打开图 3.21 所示的"添加设备"对话框。

(2) 向导提示用户关闭所有的应用程序。

(3) 向导检测新的即插即用型设备。

(4) 向导询问是否让 Windows 自己检测新的即插即用兼容型设备,一般用户单击"是"按钮让系统检测。

(5) 如果检测到了新的硬件设备,向导会显示检测到的新设备,再进行安装。

(6) 如果检测不到新的硬件设备,则必须手工安装,需要用户选择硬件类型、产品厂商和产品型号。

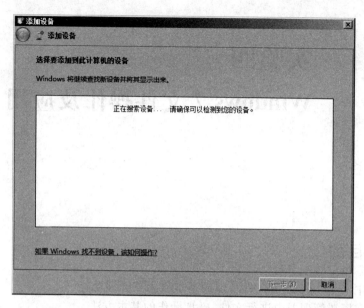

图 3.21 "添加设备"对话框

# 三、实验内容

1. 通过实验范例,练习 Windows 7 的启动、关闭操作。

2. 通过实验范例,练习图标、快捷方式、"开始"按钮、任务栏的操作方法和步骤。

3. 通过实验范例,练习窗口、菜单、对话框等内容的操作方法和步骤。

4. 通过实验范例,练习控制面板的设置,包括系统设置、鼠标设置、声音设置、打印机设置、添加新硬件等。

5. 试调整计算机桌面系统的布置,移动并重新排列图标。

6. 将活动窗口的背景设为浅灰色。

7. 将显示分辨率设为 1024×768 像素,16 位颜色质量。

# 四、实验后思考

1. 中文 Windows 7 窗口主要由哪些部分组成?

2. 有哪些方法可以增加或减少图标?

3. 窗口和对话框有什么联系和区别?

4. 在中文 Windows 7 中,鼠标有多种操作方式,总结一下单击、双击、拖动等通常用在什么场合? 在什么情况下使用鼠标右键?

5. 在一些菜单命令中,有些命令是深色,有些命令是暗灰色,有些命令后面还跟字母或组合键,它们分别表示什么含义?

6. 在浏览栏中,"＋""－"各说明什么?

7. 如果把某一图标的快捷方式删除,原程序会怎样?

8. 属性是"只读"的含义是什么?

9. 实验后有何体会和收获?

# 实验四
# Windows 7 文件操作及应用

## 一、实验目的

1. 理解中文 Windows 7 文件管理的基本概念及管理功能。
2. 掌握在资源管理器中进行文件、磁盘操作的基本方法。
3. 学会使用一种中文输入法，能够在"写字板"内进行简单的文字编辑。
4. 学会使用 Windows 7 帮助。

## 二、实验指导

### 1. 资源管理器的基本操作

资源管理器的启动操作步骤如下。

方法一：单击"开始"按钮，在弹出的"开始"菜单中选择"计算机"命令。

方法二：在桌面上右击"计算机"或"用户的文件"图标并选择打开，或双击"回收站"图标。

方法三：按 Win+E 组合键，弹出"资源管理器"窗口，如图 4.1 所示。

### 2. 文件夹和文件操作

1) 选定文件夹或文件

Windows 7 中选定文件夹或文件以反白显示，选择方法如下。

(1) 单个目标的选择：直接在图标上单击即可。

(2) 多个连续目标的选择：先单击要选的第一个图标，然后按住 Shift 键，再单击要选择的最后一个文件夹或文件图标。

(3) 全选：选择"编辑"→"全部选中"命令，或按 Ctrl+A 组合键可以实现全选。

(4) 多个不连续目标的选择：按住 Ctrl 键逐个单击要选取的文件夹或文件。

(5) 反向选择：先选中一个或多个文件夹或文件，然后选择"编辑"→"反向选择"命令，则原来没有选中的都选中了，而原来选中的都变为没选中。

(6) 取消选择：在空白处单击则取消选择。

2) 新建文件夹

方法一：在文件夹列表框选择新建文件夹的上级文件夹，然后选择"文件"→"新建"→"文件夹"命令，接着文件内容列表框区出现一个"新建文件夹"图标，输入文件名，然

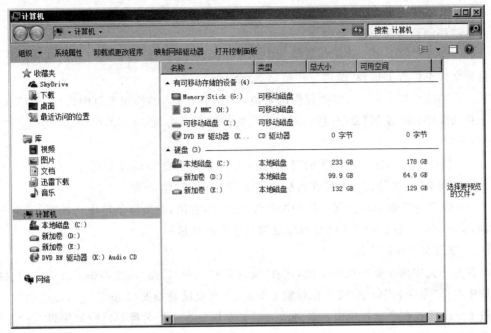

图 4.1 计算机"资源管理器"窗口

后按 Enter 键或在空白处单击。

方法二：在文件夹列表窗口选择新建文件夹的上级文件夹，然后在文件内容列表窗口空白处右击，并在弹出的快捷菜单中选择"新建文件夹"命令，接着在文件内容列表窗口出现一个"新建文件夹"图标，输入文件名，然后按 Enter 键或在空白处单击。

3) 打开文件夹或文件

打开文件夹或文件可以采用下述任何一种方法。

(1) 在文件窗口双击要打开对象的图标。

(2) 在文件夹中选定待打开的对象，选择"文件"→"打开"命令。

(3) 在待打开对象上右击，在弹出的快捷菜单中选择"打开"命令。

(4) 选中待打开的对象后按 Enter 键。

4) 复制、移动文件夹或文件

复制是指原来位置上的文件夹或文件仍然保留，而在新位置上建立一个与原来位置的文件夹或文件一样的副本；移动是指文件夹或文件从原来的位置上消失而出现在新位置上。具体方法有以下 6 种。

(1) 鼠标左键拖动法。

① 移动文件夹或文件：选中要操作的对象，如果在同一驱动器上移动对象，直接拖动对象到目标位置；如果在不同驱动器上移动对象，按住 Shift 键，然后将选中的对象拖到目标位置，松开 Shift 键和鼠标左键。

② 复制文件夹或文件：选中要操作的对象，如果在同一驱动器上复制对象，按住 Ctrl 键，然后用鼠标将选定的文件夹拖到目标位置；如果在不同驱动器上复制对象，直接拖动对象到目标位置。

（2）鼠标右键拖动法。右键拖放选定的对象，在弹出的快捷菜单中选择"复制到当前位置"或"移动到当前位置"命令。

（3）"编辑"菜单法。在文件夹中选中要操作的对象，选择"编辑"→"复制"命令，然后在目标文件夹位置上选择"编辑"→"粘贴"命令。

（4）"快捷"菜单法。选中要操作的对象，右击并在弹出的快捷菜单中选择"剪切"（等同于移动操作）或"复制"命令，然后同样在目标位置上右击，在弹出的快捷菜单中选择"粘贴"命令。

（5）快捷键法。选中要操作的对象，按 Ctrl＋C 组合键完成复制操作，若按 Ctrl＋X 组合键等同于"剪切"操作，然后在目标位置上按 Ctrl＋V 组合键。

（6）发送对象到指定位置。选中要操作的对象，右击，在快捷菜单中选择"发送到"命令，如发送到 3.5 软盘（A）即可将对象复制到指定的软盘中。

5）修改文件夹或文件名

在文件夹中选中要修改的对象，选择"文件"→"重命名"命令，或右击并在弹出的快捷菜单中选择"重命名"命令，或者在对象上单击，待变成反显加框状态后，输入新的名称，然后按 Enter 键或在空白处单击。若刚改名后又要恢复原来的名称，可选择"编辑"→"撤销重命名"命令。

6）删除文件夹或文件

在文件夹中选中要删除的对象，选择"文件"→"删除"命令或在对象上右击，在弹出的快捷菜单中选择"删除"命令，或者选中后按 Delete 键，若要删除，在出现的确认对话框中单击"是"按钮，否则单击"否"按钮。如果删除的信息不需要放在回收站，可在选择"删除"命令时按下 Shift 键。

需要注意的是，如果删除的是软盘、U 盘、移动硬盘或者网络上的文件，将不经过回收站，直接删除且不可恢复。

7）显示和修改设置文件夹或文件属性

在文件夹或文件上右击，在弹出的快捷菜单中选择"属性"命令。将会弹出"新建文件夹 属性"对话框，如图 4.2 所示。图中的"常规"选项卡将显示文件大小、位置、类型等。另外，还可设置文件夹或文件为只读、隐藏、存档等，以实现文件夹或文件的读写保护。

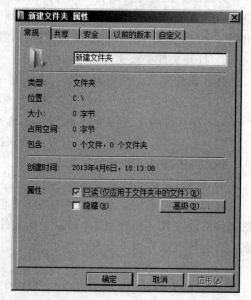

图 4.2　"新建文件夹 属性"对话框

"新建文件夹 属性"对话框中的"共享"选项卡，用来设定文件夹的共享属性供网上其他用户访问。单击"高级共享"按钮，在弹出的对话框中选中"共享此文件夹"复选框，则"共享名"文本框显示了当前文件夹的名称。用户数限制最大可以设定为 20，而"允许"复选框是限制用户权限的。

单击"权限"按钮可以设定网上注册用户对该文件夹的权限。

### 3. 回收站操作

从硬盘上删除的内容将被放到回收站内,有关回收站的操作如下。

1) 清空回收站

方法一:右击桌面上的"回收站"图标,在弹出的快捷菜单中选择"清空回收站"命令。

方法二:双击桌面上的"回收站"图标,打开"回收站"窗口,选择"文件"→"清空回收站"命令。

2) 彻底删除某个文件夹或文件

方法一:双击桌面上的"回收站"图标,打开"回收站"窗口,选中要彻底删除的文件夹或文件,选择"文件"→"删除"命令。

方法二:双击桌面上的"回收站"图标,打开"回收站"窗口,右击要彻底删除的文件夹或文件,在弹出的快捷菜单中选择"删除"命令。

3) 还原文件夹或文件

方法一:双击桌面上的"回收站"图标,打开"回收站"窗口,选中要还原的文件夹或文件,选择"文件"→"还原"命令。

方法二:双击桌面上的"回收站"图标,打开"回收站"窗口,右击要彻底删除的文件夹或文件,在弹出的快捷菜单中选择"还原"命令。

### 4. 文件的搜索

打开搜索对话框的方法:在"开始"菜单中的"搜索"文本框中输入条件,单击按钮,弹出图 4.3 所示的窗口。

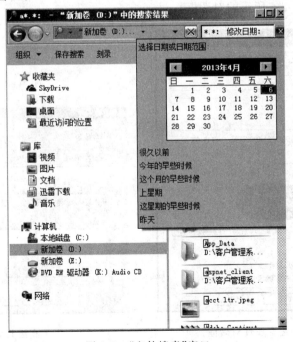

图 4.3 "文件搜索"窗口

　　用户可以在"全部或部分文件名"文本框中输入要搜索的文件夹名或文件名。这里的文件夹和文件的名字可以使用通配符"?"或"＊"来实现模糊搜索。"?"表示替代 0 个或 1 个字符,"＊"表示替代 0 个字符或多个字符。常见模糊文件名的含义见表 4.1。

**表 4.1　常见模糊文件名的含义**

| 模糊文件名 | 含　　义 |
| --- | --- |
| A??.TXT | 以 A 开头,长度为 3,扩展名为.TXT 的所有文件 |
| B? CC.＊ | 以 B 开头,第 3、4 字符为 CC,扩展名任意的所有文件 |
| ? C＊.＊ | 第 2 字符为 C 的所有文件 |
| ＊.DOC | 扩展名为.DOC 的所有文件 |
| ＊.＊ | 所有文件 |

　　"搜索"选项包含按日期、按文件大小等,设置搜索条件。

### 5. 管理磁盘

　　(1)右击"磁盘驱动器"图标,在弹出快捷菜单中选择"属性"命令,或选中"磁盘驱动器"图标并选择"文件"→"属性"命令,将弹出图 4.4 所示的磁盘属性对话框。

　　(2)选择"常规"选项卡,可显示磁盘的容量及可用空间。"卷标"文本框中显示磁盘的卷标,用户可以修改卷标。

　　(3)选择"工具"选项卡,可以完成对磁盘的维护操作。单击"开始测试"按钮,可以检测磁盘中的错误;单击"开始备份"按钮,可以进行磁盘备份;单击"开始整理"按钮,可以整理磁盘。

　　(4)选择"共享"选项卡,用来设定磁盘的共享属性供网上其他用户访问。单击"高级共享"按钮,弹出图 4.5 所示的对话框。

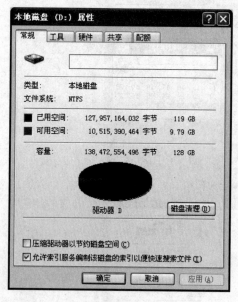

图 4.4　磁盘属性对话框

图 4.5　"高级共享"对话框

**6. "画图"程序操作**

"画图"是一个简单的图形处理程序,其所创建的文件扩展名默认为. bmp,意为"位图"。用"画图"可绘制图形,也可编辑已存在的图片。其窗口组成如图 4.6 所示。

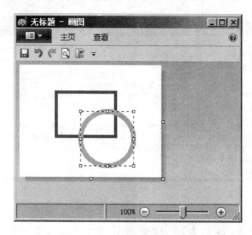

图 4.6　"画图"程序窗口

窗口由绘图区、工具箱、线宽框、状态栏等部分组成。下面以一个实例来说明"画图"的基本用法。

(1) 打开"画图"程序,在菜单栏中选择"主页"选项卡,在"形状"工具栏中单击"矩形"按钮。

(2) 在窗口中的工作区域拖动鼠标,画出一个矩形框。

(3) 单击窗口下边的红色方块,工作区中添加了一个红色矩形。

(4) 在"形状"工具栏中单击"椭圆"按钮,在工作区域拖动鼠标画椭圆;在拖动鼠标时按住 Shift 键,则可画正圆。

(5) 输入或编排文字:在工具栏中单击"文字"按钮,在工作区沿对角线拖动鼠标,创建一个文字框。单击文字框内的任意位置,输入文字"Windows 7 画图程序"。在颜料盒中单击一种颜色,可改变文字的颜色。

(6) 用颜色填充:在工具栏中单击"填充"按钮,在颜料盒中选出一种颜色,并单击要填充的对象。若用前景色填充,则单击选定区域;若用背景色填充,则右击选定区域。

(7) 将彩色图片转换为黑白图片:在菜单栏中选择"文件"→"属性"命令,弹出"属性"对话框,在"颜色"组内选中"黑白"单选按钮,并单击"确定"按钮。

(8) 打印图片:选择"文件"→"打印"命令,在弹出的"打印"对话框中确定选择项,单击"确定"按钮。

(9) 将图像设置成桌面背景:选择"文件"→"设置为墙纸(平铺)"或"设置为墙纸(居中)"命令。

(10) 保存画图文件:绘制好图像后,选择"文件"→"保存"或"另存为"命令,可以将图像保存起来。"画图"程序支持的图像保存格式有多种格式,用户可以根据需要更改图像格式。

**7. "记事本"程序操作**

记事本是一个简单的文本编辑器,文本中的字符只能是文字和数字,不含格式信息,且仅有少数几种字体,如图 4.7 所示。格式:选择"自动换行"。

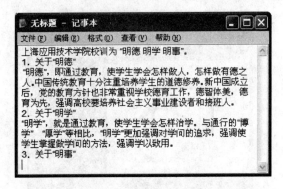

图 4.7　"记事本"程序窗口

记事本多用于写便条、备忘事项、建立批处理文件等,是编辑或查看文本(.TXT)文件最常用的工具,也是创建 Web 页的简单工具,文件最长为 64KB。下面以一个实例来说明记事本的基本用法。

(1)打开"记事本"窗口,输入以下文字。

---

**上海应用技术学院校训为"明德 明学 明事"。**

　　1. 关于"明德"

　　"明德",即通过教育,使学生学会怎样做人,怎样做有德之人。中国传统教育十分注重培养学生的道德修养。新中国成立后,党的教育方针也非常重视学校德育工作,德智体美,德育为先,强调高校要培养社会主义事业建设者和接班人。

　　2. 关于"明学"

　　"明学",就是通过教育,使学生学会怎样治学。与通行的"博学""厚学"等相比,"明学"更加强调对学问的追求,强调使学生掌握做学问的方法,强调学以致用。

　　3. 关于"明事"

　　"明事",就是通过教育,使学生学会怎样做事。中国传统文化往往把"会做事"作为对人的一种积极评价,"君子敏于事而慎于言"。(《论语·学而》)现代大学教育十分重视对大学生动手能力和实践能力的培养,即培养学生做事的能力。明事,重要的是"明事理""明事功""明事巧",即懂得做事的道理、做事的价值、做事的技巧,这也较符合我校培养高层次应用技术人才的定位。

---

(2)查找字符或单词:选择"编辑"→"查找"命令,弹出"查找"对话框,在"查找内容"文本框中输入要查找的字符或单词,单击"查找下一个"按钮。

(3)复制、剪切和粘贴文字:用鼠标选中需要的文字,选择"编辑""复制"或"剪切"命令,可完成文字的复制或剪切,再选择"编辑"→"粘贴"命令可完成文字的粘贴。

（4）按窗口大小换行：在菜单栏中选择"格式"→"自动换行"命令。

（5）在文档中插入时间和日期：将插入点移到准备显示时间和日期的位置，在菜单栏上选择"编辑"→"时间/日期"命令。

（6）保存文件：选择"文件"→"保存"命令或按 Ctrl＋S 组合键，在弹出的"保存"对话框中，选择保存位置为"D："，输入文件名"校训"，选择保存类型为.txt，单击"保存"按钮，将文件保存。

### 8. 系统工具操作

1）磁盘备份与还原

单击"开始"按钮，选择"程序"→"附件"→"系统工具"→"备份"，就可以启动"备份"对话框。如果在"系统工具"菜单中没有看到"备份"命令，则计算机没有安装该程序，可在控制面板中安装该程序。

单击"下一步"按钮，在弹出的对话框中选中"备份文件和设置"单选按钮，单击"下一步"按钮，在弹出的对话框中选择"让我选择要备份的内容"单选按钮，单击"下一步"按钮，在接下来的对话框中选择要备份文件的位置及存放的位置，设置完毕后，单击"完成"按钮，开始备份。

选择"还原"选项卡，选中与要还原的驱动器、文件夹和文件关联的复选框，在"还原至何处"中选择还原目标位置。单击"选项"按钮，做好相应设置后，单击"开始"按钮。

2）"磁盘扫描"程序

单击"开始"按钮，选择"程序"→"附件"→"系统工具"→"磁盘扫描程序"，就可以启动"磁盘扫描"程序。

**注意**：要指定"磁盘扫描"程序发现错误后的修复方式，必须取消"自动修复错误"复选框。

3）"磁盘碎片整理"程序

单击"开始"按钮，选择"程序"→"附件"→"系统工具"→"磁盘碎片整理程序"，就可以启动"磁盘碎片整理"程序。通常要经磁盘扫描检查磁盘无错误后，方可进行磁盘碎片整理。

## 三、实验内容

1. 通过实验范例，在资源管理器中进行文件管理、磁盘操作、文件和文件夹操作。
2. 在"系统"信息中摘录以下内容。

Windows 目录　　处理器　　内存等信息

**提示**：在 Windows"开始"菜单中选择"控制面板"→"系统"命令。

3. 记下使用的计算机的名字。
4. 查看设备管理器，并记下网络适配器的型号和显卡的型号。
5. 通过"程序与功能"，删除游戏中的纸牌游戏。
6. 在 D 盘上建立一个画图文件夹，一个记事本文件夹，文件夹名自定。
7. 在 Windows 目录中搜索文件大小小于 10KB 的任意 5 个文件，搜索结果以列表形式显示,并将搜索到结果的窗口粘贴到记事本程序,并以文件名"my 搜索.txt"保存到记事本文件夹内。

8. 在 Windows 帮助中找到"查找文件或文件夹",将内容粘贴记事本程序,并以文件名"my 帮助.txt"保存到记事本文件夹内。

**提示:**单击桌面空白处,然后按 F1 键可进入 Windows 帮助。

9. 使用画图程序,随意画一幅图画,将其以文件名"myfirst.bmp"保存到画图文件夹内。

10. 对记事本文件夹内的文件,利用写字板进行简单的文字编辑。(自由发挥)

## 四、实验后思考

1. 在 D 盘新建一文件夹名为 shixi4,在其下再以自己的姓名新建一文件夹。
2. 把 C 盘根目录下的 config.sys 和 autoexec.bat 的文件复制到姓名文件夹下。
3. 把复制的 config.sys 文件换名再复制为 config.bat。
4. 把 config.bat 改成只读型。
5. 如果把某一图标的快捷方式删除,原程序会怎样?
6. 实验后有何体会和收获?

# 实验五
# Internet 应用

## 一、实验目的

1. 了解与 Internet 相关的基本概念。
2. 理解各项网络配置信息的含义,掌握设置和修改网络配置、如何实现资源共享。
3. 掌握用搜索引擎在 Internet 上查询信息的方法及下载所需信息的方法。
4. 掌握电子邮件使用的方法。
5. 使用 FTP 传送数据文件。

## 二、实验指导

### 1. 查看计算机的网络配置信息

（1）在"控制面板"窗口中,单击"网络和 Internet 连接"图标,单击"网上邻居"图标,弹出"查看工作组计算机"对话框。

（2）选择标识选项卡,记录计算机名,工作组等。

（3）打开配置选项卡,在已安装的网络组件中选择 TCP/IP,单击"属性"按钮,记录所在计算机的 IP 地址、网关和域名服务器。

（4）打开访问控制选项卡,选择访问控制类型。

### 2. Internet 属性的设置

在"控制面板"窗口中,依次单击"网络和 Internet 连接"图标和"Internet 选项"图标,进行有关 Internet 的安全、连接等属性的设置。

### 3. 网上邻居的用途

1）设置共享资源

在 D 盘新建一个文件夹"我的共享文件夹",右击该文件夹,在弹出的快捷菜单中选择"属性"命令,弹出"文件属性"对话框,然后选择"共享"选项卡,对共享名、访问类型和密码等设置。

2) 使用网上邻居浏览资源

打开"网上邻居"窗口,可以浏览工作组中的计算机和网上的全部计算机,双击某个计算机图标,可查看该计算机上的共享文件夹和打印信息等。用户有两种权限访问网络上其他用户允许共享的资源:只读访问权限和完全访问权限。

**4. IE 浏览器的基本使用方法**

(1) 利用"开始"菜单启动 IE 浏览器。

(2) 输入网址(URL)浏览具体的页面信息,按下 Enter 键,观察浏览器窗口右上角的 IE 标志,窗口左下方出现一个运动的进度条,用于表明该页面下载的进度。

(3) 单击工具栏中的"停止"按钮,可以终止当前正在进行的操作。

(4) 利用超链接功能在网上漫游:将鼠标指向具有超链接功能的内容时,鼠标指针变为手形,单击即可进入该链接所指向的网页。

(5) 在已经浏览过的网址之间跳转:最常用的方法是单击工具栏中的"后退"按钮和"前进"按钮。

(6) 保存当前页面信息:选择"文件"→"另存为"命令将当前页面信息保存在本地计算机中。

(7) 保存页面中的图像或动画:右击页面中的图像或动画,在弹出的快捷菜单中,选择"另存为"命令,然后在"保存图片"对话框中,指定保存的位置的文件名,最后单击"保存"按钮即可完成。

(8) 将网址添加到收藏夹:选择"收藏"菜单中的"添加到收藏夹"命令,可将当前浏览的页面网址加入收藏夹。

**5. 使用软件工具 Outlook Express 收发电子邮件**

(1) 配置电子邮箱。

(2) 邮件的发送。

① 单击工具栏中的"新邮件"按钮,打开新邮件的撰写窗口。

② 在"收件人""抄送""密件抄送"文本框中输入每个收件人的电子邮件地址,不同的电子邮件地址用逗号或分号分开。

③ 在主题框中输入邮件标题。

④ 在文本编辑区输入邮件的内容。

⑤ 单击"插入文件"按钮,在弹出的"文件选择"对话框中,选择要附带的文件,然后单击"附加"按钮,被选中的文件将以附件方式,随同邮件一起发送给收件人。

(3) 邮件的接收:双击"收件箱"图标,查看是否有新邮件到达。

(4) 邮件的回复和转发。

① 邮件回复。选中要回复的邮件,单击工具栏中的"回复作者"按钮,打开回复邮件窗口,此过程类似邮件的发送,只是无须输入收件人地址。

② 邮件转发。单击工具栏中的"转发邮件"按钮,打开转发邮件窗口,其中邮件标题和内容已经写好,只须填写收件人地址即可。这样即可把邮件发给第三方。

**6. 文件传输协议 FTP(3 种类型的 FTP 程序)**

(1) 命令方式。

(2) 窗口方式：使用 FTP 工具，如 CuteFTP。

(3) WWW 浏览器：在 IE 浏览器中进行 FTP 操作。

## 三、实验内容

1. 用 Word 编辑一个文件，文件名格式为"学号＋姓名＋A.doc"，内容的标题为"致授课教师的一封信"，内容为实事求是地向授课教师指出本门课程在教学方面认为存在的还需要改进的一些问题，并向他提出如何解决这些问题的若干建议。要求这封信的正文字数不得少于 300 个字，并请注意按信件的标准格式。(字体要求：标题为三号楷体；正文为四号宋体。行间距：1.5 倍)

2. 通过网络从任意网站查询最近 6 个月以来发布的有关"上海应用技术学院"的新闻、媒体报道或评论文章任意 5 篇(来自上海应用技术学院自己网站上的有关内容不计算在内)，然后使用表格形式列出这 5 篇文章的标题、作者姓名、发表网站名称和登载时间。最后以"学号＋姓名＋B.doc"为文件名保存这个表格，表格的标题为"上海应用技术学院近期新闻媒体报道"。(字体要求：表格标题为小三号仿宋体；表格内容为小四号宋体。行高：1.5 厘米)

3. 建立一个子目录，目录名"学号＋姓名＋(11)"，将实验内容 1 和 2 所建的两个文件复制到该子目录中，并将子目录压缩成 WinRAR 压缩文件，文件名为"学号＋姓名＋(11).rar"；撰写本实验报告，文件名为"学号＋姓名＋(11).doc"。

4. 将压缩文件和实验报告两个文件一同以附件的形式发送到授课教师的 E-mail 信箱，同时抄送给另一个电子邮箱(邮箱地址：由授课教师另给)。邮件的主题是"计算机导论课程的建议和上海应用技术学院的新闻"。邮件的正文为自己的建议和学院的新闻，见本邮件的两个附件。

## 四、实验后思考

实验后有何体会和收获？

# 第二篇 多媒体技术篇

## 实验六
## Photoshop 图像编辑

## 一、实验目的

1. 学会图像格式转换方法。
2. 掌握图像大小和画布尺寸的调整过程。
3. 了解图像色彩及明暗度的校正方法。
4. 学会基本图案的创建和填充方法。

## 二、实验指导

**1. 图像大小和画布尺寸的调整**

（1）打开给定的 JPG 图像文件，要求调整分辨率为 100 像素/英寸，将尺寸调整为
400 像素×300 像素，并以 P11-1.jpg 为文件名保存结果。具体步骤如下。

① 选择"文件"→"打开"菜单命令，打开配套中的素材文件 fenghuang.jpg 图片，选择
"图像"→"图像大小"菜单命令，弹出"图像大小"设置对话框，如图 6.1 所示。

② 在对话框中，先清除"约束比例"复选框，使之可以任意调整高宽大小，再修改"文
档大小"栏下的分辨率项为 100 像素/英寸，修改"像素大小"栏下的宽度为 400 像素、高度
为 300 像素。

③ 通过"存储为"方式，将调整过的图像另存为 P11-1.jpg 文件。

（2）继续刚才调整大小后的图像，要求在四周增加 1.0 厘米的黑色画布空间，并以
P11-2.jpg 为文件名保存结果。具体步骤如下。

① 保持原图像处于打开状态，选择"图像"→"画布大小"命令，弹出"画布大小"对话
框，如图 6.2 所示。

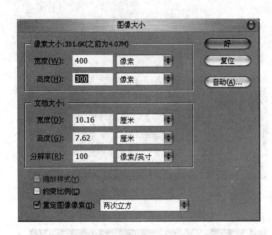
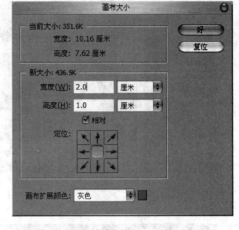

图 6.1　调整图像大小　　　　　　　　　图 6.2　调整画布大小

② 设置"新大小"选项组中的"高度"为 1.0 厘米,"宽度"为 2.0 厘米,"画布扩展颜色"选择灰色,选中"相对"复选框,定位在中心后,单击"好"按钮,效果如图 6.3 所示。

图 6.3　调整后的效果

③ 通过"存储为"命令,将调整过的图像另存为 P11-2.jpg 文件。

**2. 图像色彩及明暗度的校正**

(1) 打开一幅 JPG 格式的图片,通过图像调整处理,将图片的亮度/对比度调整到比较合理的状态,并保存结果。具体步骤如下。

① 选择"文件"→"打开"命令,打开配套光盘中的素材文件 shanghai.jpg 图片文件,选择"图像"→"调整"→"亮度"→"对比度"命令,按照图 6.4 进行调整,其亮度为 -30,对比度为 30,调整后的效果如图 6.5 所示。

② 选择"存储为"命令,将调整过的图像另存为 P11-3.jpg 文件。

(2) 选择"文件"→"打开"命令,打开配套素材文件 flower.jpg 图片,通过图像调整处

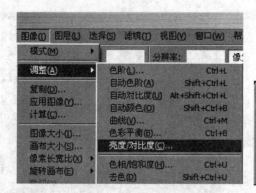

图 6.4　亮度/对比度调整

图 6.5　调整前后效果对比

理,将图片的色彩平衡调整到比较合理的状态,并保存结果。具体步骤如下。

① 选择"文件"→"打开"命令,打开配套素材文件 flower.jpg 图片,选择"图像"→"调整"→"色彩平衡"命令,按照图 6.6 设置的参数进行调整。

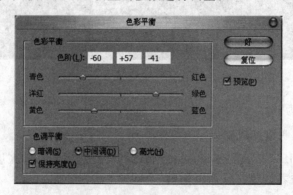

图 6.6　"色彩平衡"参数设置

校色原理:一般处理的图像都是 RGB 模式,校色时可采用互补色来调整。红—青、绿—品(洋红)、蓝—黄是对应的互补色,如原图偏红,就应该加青色,偏品(洋红),就应该加绿色,反之一样处理。

② 在"色彩平衡"设置对话框中下部的"色调平衡"选项组中,包括暗调、中间调、高光3项。一般均选择中间调,但是如果图像中高亮部分也有严重偏色,这时就应该再次选择高光项,进行色调平衡处理,本例中用到高光项再次把绿色加大,最后效果如图6.7所示。

图6.7 调整前后效果对比

③ 通过"存储为"命令,将调整过的图像另存为P11-4.jpg文件。

### 3. 创建基本图案和填充方法

新建一个大小为480像素×360像素、分辨率为100像素/英寸、白色背景的图形文档,按要求绘制、填充完成"茶杯"基本图案,如图6.8所示,结果另存为P11-5.psd格式文件。具体步骤如下。

(1) 选择"文件"→"新建"命令,按图6.9要求创建一个空白图像区,新建图像尺寸的单位要仔细确认,不要把厘米看成像素,颜色模式选择"RGB颜色",背景内容选择"白色"。

(2) 单击Photoshop窗口右下方"图层"面板底部的"新建图层"按钮,新建一图层作为绘画层,所新建的图层是透明背景,如图6.10所示。建议对图层进行重命名,以方便识别,具体方法

图6.8 创建图案的结果

是右击右图层名称,在弹出的快捷菜单中选择"图层属性"命令,然后在弹出的对话框中,修改名称栏内容为"杯体"后,单击"好"按钮。

提示:新建图层也可以采用选择"图层"→"新建"→"图层"命令来完成。

用鼠标在图层面板中单击"杯体"图层选中,然后使用选择工具的矩形选框工具,在作图区拖曳出一个合适的矩形选择框。然后设置前景色为红色,并用油漆桶填充工具对所作的选择框填充,如图6.11所示。

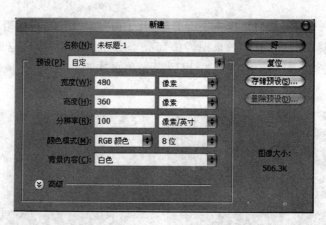

图 6.9　创建新图形

图 6.10　创建新图层

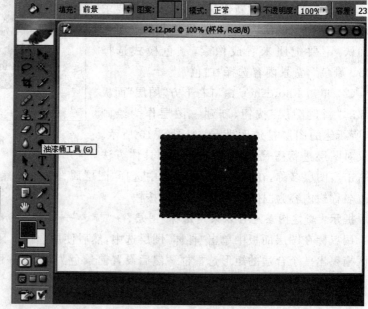

图 6.11　用油漆桶工具填充红色

（3）新建一图层，命名为"碟子"，用来绘制杯体下面的碟子，由于碟子两端有圆弧形，需要通过两步完成。

① 选中"碟子"图层，使用选择工具的椭圆选框工具，在杯体下面拖曳出一个较扁的椭圆选择框作为碟子的圆弧形状。

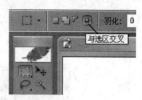

② 保持原有的选择状态，并单击属性栏中的"与选区交叉"按钮，如图 6.12 所示。

图 6.12 "与选区交叉"属性

再使用矩形选框工具，在椭圆体上拖曳出一个合适的矩形选择框，两框重叠的部分就是碟子的轮廓，如图 6.13 所示。然后用油漆桶填充工具，对所作的选择框填充，移动到位后完成碟子的绘制。

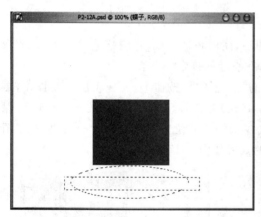

图 6.13 与选区交叉的选择方式和填充颜色后的效果

（4）下面继续绘制"杯柄"和"热气"两层图案。"杯柄"图案是一个蓝色的同心圆环，在此不必将其切割成圆弧状，只要在调整大小后，将该图层移动到杯体图层下即可。

① 新建一图层，命名为"杯柄"，选中该图层，使用选择工具的椭圆框选工具，按住Shift 键（能保证画出正圆），在杯体下面拖曳出一个合适大小的正圆选择框，并用油漆桶工具填充蓝色。

② 保持选择状态，选择"选择"→"变换选区"命令，通过鼠标拖曳将选区缩小（要同时按 Shift 键和 Alt 键，以保证同比、同心变化），如图 6.14 所示，按 Enter 键后完成选区变换。

③ 按 Delete 键去除内圆，并将该图层移到杯体图层下，完成圆环的制作，如图 6.15所示。

**提示**：如果位置不对，可使用"移动"工具进行调整。如果大小不对，可选择"编辑"→"变换"→"缩放"菜单命令来调整，且调整到位后必须按 Enter 键结束变换，否则无法继续进行其他操作。

"热气"图案是一组蓝色的线条，使用画笔工具，直接在对应层上绘制热气线条。

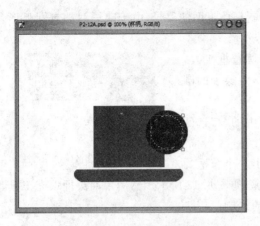
图 6.14　选区变换操作和杯柄绘制

图 6.15　完成后的圆环

① 新建一图层，命名为"热气"，选中该图层，使用画笔工具，并调整笔尖大小为 13 像素，如图 6.16 所示。在杯体上面随手绘制出一条蓝色的热气线条。

② 选中"热气"图层，拖曳到图层面板下的"新建图层"按钮上，完成图层复制操作，再拖曳一次，共复制两层。然后选择"热气副本 1"图层，选择移动工具，并按 Shift 键(可保持水平或垂直移动)的同时，用鼠标拖曳热气线条到合适位置，重复操作"热气副本 2"图层，完成 3 条"热气"图案的布局调整。最后的效果如图 6.17 所示。

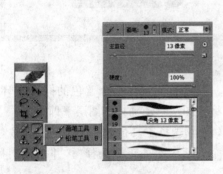
图 6.16　画笔工具和笔尖属性调整面板

图 6.17　完成后的效果及对应的图层面板

（5）通过"存储为"命令，将完成的图形另存为 P11-5.psd 格式文件。

**4. 使用渐变填充方法**

继续上面的图形编辑，按要求完成渐变效果填充的操作，结果另存为 P11-6.psd 格式文件，本样例完成后的效果如图 6.18 所示。具体步骤如下。

（1）继续保持在编辑状态，下面通过选择图层和对应图层中的图案元素，分别作渐变填

图 6.18　渐变填充后的效果

充操作(必须先选中,后操作,否则就是对整个图层有效了),完成立体效果处理。

① 选中"杯体"层,用"魔棒"选择工具选中杯体图案,如图 6.19 所示。

图 6.19 "魔棒"选择工具和选中后的杯体

② 选择渐变填充工具,然后单击"编辑渐变"按钮,设置渐变编辑器的颜色参数为"黑色、白色"渐变,最后选择渐变类型为"对称渐变",如图 6.20 所示,完成渐变设置。

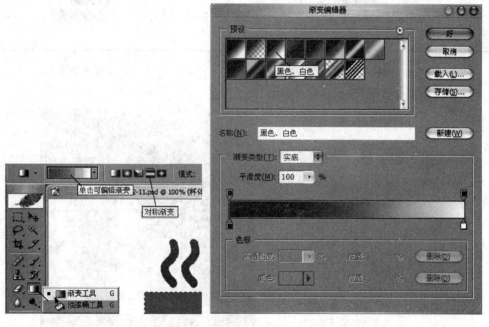

图 6.20 渐变工具和相关参数设置

(2)保持杯体为选中、填充工具为渐变状态,用鼠标在杯体区域从中心偏左位置以水平方向向右拖曳一段距离(可同时按 Shift 键),效果如图 6.21 所示。拖曳距离短,渐变效果明显,如太长就看不到立体效果,可以多试几次,完成后选择"选择"→"取消选择"命令。

　　用同样的操作方法(选择图层、选中图案、使用渐变工具),完成"碟子"的立体效果。最后再对"杯柄""热气"图案进行渐变填充,其中"热气"的渐变类型最好采用"线性渐变"方式从上往下变化,整体效果如图 6.22 所示。

　　(3) 选择背景图层(最下面的图层),选择渐变填充工具,渐变类型采用"线性渐变"方式,在"渐变编辑器"对话框中,单击色标滑块,再单击下方的"颜色"下拉列表框,通过"拾色器"将"左"渐变颜色调整为暗红色(R＝80,G＝15,B＝15)、"右"渐变颜色为浅红色(R＝255,G＝50,B＝50),如图 6.23 所示,然后在背景图层上从上往下用鼠标作垂直(可按 Shift 键)拖曳,如果渐变颜色方向相反,可反向拖曳,最后的效果如图 6.24 所示。

　　(4) 通过"存储为"命令,将完成的图形另存为 P11-6.psd 格式文件。

图 6.21　杯体渐变效果

图 6.22　整体渐变效果

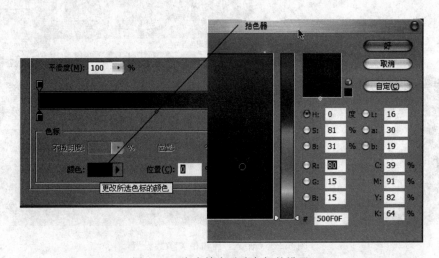

图 6.23　渐变填充过渡色标的设置

图 6.24 完成后的"茶杯"效果

## 三、实验内容

1. 格式转换。打开"格式.psd"素材图片,按以下要求进行格式转换,并比较空间大小。

(1) 转换成 JPG 格式并存放在 U 盘根目录下。

(2) 转换成 BMP 格式并存放在 U 盘根目录下。

(3) 转换成 PNG 格式并存放在 U 盘根目录下。

通过文件属性查看比较这些相同尺寸的图像文件存储空间的大小,并记录在表 6.1 中进行比较。

表 6.1 实验记录表

| 格式 | PSD | BMP | JPG | PNG |
|---|---|---|---|---|
| 文件大小(KB) | | | | |

2. 图像调整。打开"校园.jpg"素材图片,调整图像大小为 800 像素×640 像素,通过图像调整工具,将图片的光影效果调整到比较合理的状态,如图 6.25 所示,最后保存结果文件。

图 6.25 图像调整前后的效果

制作提示：

（1）调整图像大小时，要注意"单位"是像素。

（2）调整图像的光影效果通常是通过调整图像的亮度/对比度、色阶、RGB 平衡等来实现的。

（3）调整图像是个"反复"过程，要不断修正直到满意。

3. 图案创建。新建一个大小为 400 像素×600 像素、分辨率为 100 像素/英寸、白色背景的图形文档，按要求绘制、填充完成"立体图案"，如图 6.26 所示，并另存为 PSD 格式文件。

制作提示：

（1）背景效果用线性渐变填充实现。

（2）立体效果用对称渐变填充得到。

（3）圆锥图案是从圆柱图案通过选择"变换"→"斜切"命令变化而成。

（4）底部的圆弧最后用椭圆选择方式选中、反选后删除得到。

图 6.26　立体图案效果

# 实验七
# Photoshop 图像处理

## 一、实验目的

1. 掌握图像合成处理基本方法。
2. 学会图层及图层样式处理技巧。
3. 掌握特效文字的制作技巧。
4. 了解用滤镜处理图像的过程。

## 二、实验指导

### 1. 图像的抠图和合成方法

整个图案由 3 个图层组成：背景图层、抠出后复制的两个轿车层、两个文字层。完成后的"合成"图像和图层面板内容如图 7.1 所示。

图 7.1　完成后的效果及对应的图层面板

抠图方法最常用的是使用魔棒，或者是磁性选择工具，合理选择工具的参数可以提高抠图速度和成功率。具体步骤如下。

（1）启动 Photoshop，打开配套素材文件 scenery.jpg 图片作为背景层，然后再打开 car.jpg 图片，此时有两个编辑窗口，如图 7.2 所示。

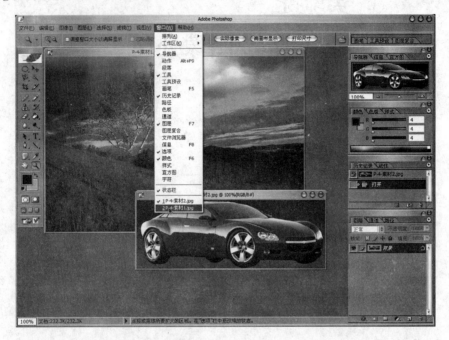

图 7.2　有两个编辑窗口的 Photoshop 界面

（2）选中"轿车图"窗口，由于此图像的背景不是很复杂，可选用魔棒作为抠选工具，先进行属性参数设置：将"容差值"设置为 22，勾选"连续的"。

直接使用魔棒一次是不能全部选中背景的，这是因为本例的背景图案不是同一种颜色，要解决这个问题，可以通过改变 Photoshop 选择工具中的模式为"添加到选区"，如图 7.3 所示。

图 7.3　魔棒工具的参数设置

在这种模式下，魔棒每次单击后的选择区域都将被作为"追加"而连成一片，如图 7.4 所示，这样通过几次的抠选（虚线框内部分），就可以把背景图案全部抠出。

如果在抠选中发现效果不是最好，可以调整容差值多试几次。

抠出全部背景后，选择"选择"→"反选"命令转变成选中轿车，如图 7.5 所示。至此，抠图过程结束。

图 7.4 用魔棒多次抠选的效果

图 7.5 抠全并反选后的效果

下面进行复制、粘贴操作。

选择"编辑"→"复制"命令(也可以按 Ctrl＋C 组合键),完成对抠出的轿车进行复制操作。将抠出部分准备与其他图像合成。

具体步骤如下。

(1)切换到"背景图"窗口,选择"编辑"→"粘贴"命令(也可以按 Ctrl＋V 组合键)将抠出的图案复制到背景图中,系统自动会生成新图层,复制两次完成图像合成的基本操作。

接着对复制的对象进行大小、方向、颜色等参数调整。先选中一个轿车图层,按要求选择"编辑"→"变换"→"缩放"命令将其调整到合适的大小,然后用移动工具将其移到图像的右下方,再通过选择"编辑"→"变换"→"旋转"或"编辑"→"变换"→"水平翻转"命令调整轿车图案的方向。要注意在缩放、旋转操作结束时,必须按 Enter 键确认。

(2)选中另外一个轿车图层,同样进行大小、位置、方向的调整,还要通过选择"图像"→"调整"→"色相"→"饱和度"命令进行轿车的变色操作,色相调整对话框如图 7.6 所示。

在设置中,不要勾选"着色"选项,通过拖动色相滑块来改变对象的颜色,同时预览观察效果。采用这种方法可以保证图案的灰度色(黑白色)不会改变,比如轿车的轮子总是黑白色的。

最后添加适当的说明文字,具体步骤如下。

Photoshop 可以在图像上添加文字,并提供横排文字、直排文字和蒙版文字工具,使用文字工具,要进行相关的属性设置,如大小、字体、颜色和变形的内容。

(1)保持"背景图"窗口为当前窗口,先设置前景色(字体色)为白色,用鼠标单击"文

图 7.6　色相/饱和度调整及预览效果

字工具"按钮,在出现的下拉列表中,选择"直排文字"命令。

设置字体为黑体、大小为 30 像素,如图 7.7 所示。鼠标在作图区单击后开始输入文字"开车去旅游吗?"。这时系统会自动创建一新图层,可以使用移动工具来调整文字位置。

用同样的方法,建立另外一组文字"2011. 01.01",字体、大小和颜色可自行确定,并移动到位。

(2) 双击"开车去旅游吗?"文字图层,在弹出的"图层样式"对话框中,选中"描边"复选框

图 7.7　文字工具及属性设置

并选择"描边"选项卡,并作如下设置: 设置大小为 3 像素、调整颜色选择灰色,同时观看描边效果,如图 7.8 所示。

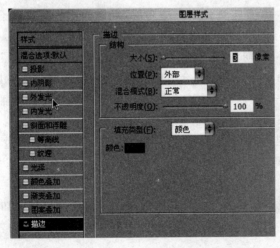

图 7.8　图层样式的描边属性及效果

(3) 通过"存储为"命令,将完成的图形另存为 P12-1.psd 格式文件后,关闭图形窗口。

**2. 特效文字制作**

利用蒙版文字制作图案艺术文字,完成后的效果和图层面板如图 7.9 所示。

图7.9 完成后的艺术文字及对应的图层面板

具体步骤如下。

(1) 选择"文件"→"打开"命令,打开配套素材文件 fruit. jpg 图片,双击图层单击"好"按钮,去除限制锁功能,并改名为"图案文字"层。

选择横排蒙版文字工具,通过文字属性栏右边的文字格式工具,如图7.10所示,设置字体为华文新魏(也可以自选合适的字体),大小100点,字宽为120点,在文本框内输入 Life. Style 文字,要注意布局位置要合理,单击任一工具按钮回到正常模式。

如要移动可单击工具栏下方的"以快速蒙版模式编辑"按钮,如图7.11所示。进入蒙版状态,用移动工具移动文字,完成后再单击此按钮,返回到"标准模式编辑"模式。

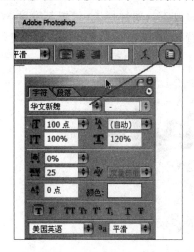

图7.10 字体格式工具

图7.11 "以快速蒙版模式编辑"按钮

此时字体以虚线形式显示。作反选操作后,按 Delete 键删除外围图案,再取消选择,字体中已有图案填充效果,如图7.12所示。

(2) 双击"图案文字"层,使用投影、斜面浮雕图层样式,适当调整相关参数,对上述文字添加立体阴影效果。

再打开配套素材文件 grid. jpg 图片,把内容复制(全选)粘贴到图案文字窗口中,移到最底层,并改名为背景层。为了增加背景的视觉深度效果,要对该图层进行透视、缩放操作。具体操作如下。

图 7.12   填充图案后的字体效果

① 选中背景层,选择"编辑"→"变换"→"透视"命令,用鼠标向右拖曳左上角的控制点,到 1/4 位置,按 Enter 键确定,如图 7.13 所示。

图 7.13   透视变形操作

② 再选择"编辑"→"变换"→"缩放"命令,在缩放工具属性栏上,设置其宽度 W=200 左右,并按 Enter 键后,再适当调整背景图的位置以覆盖整个窗口。完成后的效果如图 7.14 所示。

图 7.14   完成后的艺术文字效果

(3) 最后将完成的图形另存为 P12-2.psd 格式文件。

### 3. 图像滤镜处理

为图片增加灯光光晕滤镜效果,具体步骤如下。

(1) 打开配套素材文件 snail.jpg 图片,双击图层单击"好"按钮,去除限制锁功能。选择"滤镜"→"渲染"→"镜头光晕"命令为本图添加灯光照射滤镜效果,在打开的属性设置对话框中,将光晕中心移到绿色物体的前端,亮度设置为 100,镜头类型选择"105 毫米聚焦",单击"好"按钮完成滤镜添加过程,如图 7.15 所示。

(2) 继续选择"滤镜"→"渲染"→"镜头光晕"命令,这次将光晕中心移到蜗牛的背上,镜头类型选择"电影镜头",其余不变,完成后的效果如图 7.16 所示。

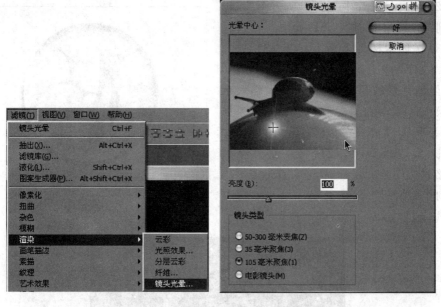

图 7.15 渲染镜头光晕滤镜设置对话框

图 7.16 添加渲染镜头光晕的反光效果

（3）选择"存储为"命令，将完成的图像另存为 P12-3.jpg 格式文件。

## 三、实验内容

1. 图像合成。如图 7.17 所示，新建一个 480 像素×360 像素、白色背景的图形文档，打开配套素材文件 gril.gif 图片，按效果图要求通过绘制、填充、复制合成和图层样式等操作完成"艺术瓷碟"的制作。最后将结果另存为 PSD 格式文件。

制作提示：

（1）先通过绘制圆图、图层艺术等操作，绘制出一个白色的立体圆盘。

（2）从素材图片中复制出所需图案，再粘贴到圆盘图层上，调整合适大小。

（3）关闭素材文件，保存结果文件。

2. 文字制作。新建一个 480 像素×150 像素、黑色背景的图形文档，按要求输入字母等操作完成"霓虹灯标牌"的制作，效果如图 7.18 所示，要求对该图层设置图层样式的投影、发光等效果，最后将结果另存为 PSD 格式文件。

制作提示：

（1）边框、文字、背景都是独立的图层。

图 7.17　"艺术瓷碟"效果

图 7.18　"霓虹灯"文字效果

（2）黑色边框可以用描边方式得到，也可先画出一个"空心"选择框，再用黑色填充。

（3）霓虹灯效果通过添加图层样式实现，为制作方便，可以先关闭黑色背景层的"眼睛"按钮。

3. 滤镜特效。打开配套素材文件 milkman.jpg 图片，通过选择"滤镜"→"渲染"→"镜头光晕"命令为本图添加发光滤镜效果（可以重复添加滤镜），最后效果如图 7.19 所示。

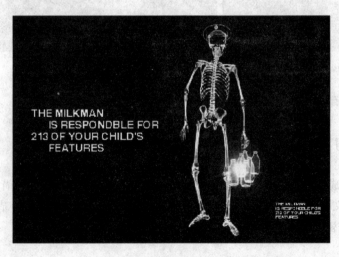

图 7.19　添加"光晕滤镜"后的效果

# 实验八
# 图像处理综合应用

## 一、实验目的

1. 了解明信片的设计制作方法。
2. 掌握数码图片综合处理基本过程。

## 二、实验内容

运用所学图像处理基本方法，以 Photoshop 作为制作工具软件，参考图 8.1，设计制作一个明信片作品，作品名称为"校院明信片"。

图 8.1　图像处理综合样例——明信片效果图

具体要求如下。

(1) 明信片界面尺寸为 1024 像素×680 像素(宽高比约为 3：2),其他内部排版尺寸自定。

(2) 作品主题必须和明信片紧密关联,主图素材可以是本人拍摄,或者网络获取,或者是一张或多张拼接。

(3) 作品要求有较好的版面效果,包括图片内容、色调、文字、布局等。

(4) 所设计明信片版面内容要求如下。

① 主图要保证较好的清晰度,明暗色彩调整合理。

② 按照效果图添加主图的投影效果。

③ 明信片含有校徽图和雕塑图案(见素材图片),并且去除雕塑图原背景。

④ 有标题文字、校名等相关文字等信息。

(5) 在明信片的合适位置,有制作人相关信息(如姓名、学号、日期等)。

**说明:**

(1) 样例仅供制作参考,作品的实际内容可以比样例更丰富。

(2) 可以改变作品布局风格,但不能脱离"明信片"的主题要求。

(3) 整个明信片制作应该包含多个图层(见图 8.2),以方便独立编辑处理。

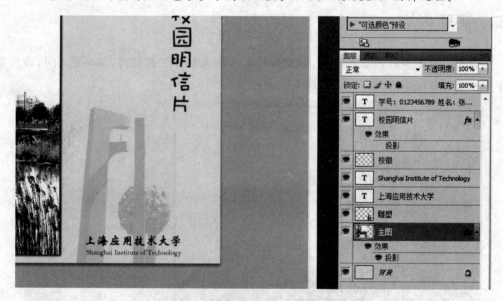

图 8.2　明信片制作图层面板信息

最终的效果参见样例文件"图像处理综合样例.jpg",具体制作说明如下。

(1) 按上述尺寸要求,新建一个 PSD 文档,并填充合适的背景色。

(2) 打开所需的校园图片,先进行明暗、色调等调整。

(3) 根据样例进行裁剪、缩放、旋转等几何调整,并排版到位。 如果是多张拼接,拼完后可以合并图层。

(4) 对上述排版后的图片添加投影效果,注意投影方向和强弱。

（5）打开"校徽.PNG"图片，并放置在校园图之上调整大小，放置到合适位置。

（6）打开"雕塑.JPG"图片，用抠选方法去除背景，调整到位。

（7）添加标题"校园明信片"和校名等文字信息，并设置美观、清晰的字形和颜色。

（8）最后添加制作人（包括学号、姓名、日期等）文字信息。

（9）保存文件（以 PSD、JPEG 格式），并用看图软件浏览效果。

（10）结果提交内容包括以下两项。

① 作品文件：Photoshop 的 PSD、JPEG 格式。

② 素材文件：作品中所用到的全部素材文件或原图。

# 实验九
# Flash 动画基础

## 一、实验目的

1. 了解 Flash 动画的制作原理。
2. 掌握基本动画的制作过程。
3. 了解 Flash 中层的概念。
4. 学会多层动画的制作方法。

## 二、实验指导

### 1. 形状补间

要求：按样例 SF1-1. swf 文件，创建一个图案变化的动画，从一个蓝色的正圆变成红色的三角形，再变回蓝色正圆，时间长度为 40 帧，完成后保存 FLA 源文件。

分析：先打开配套的样例文件 SF1-1. swf（如果双击该文件不能播放，可用 FlashPlayer 程序来播放）。观看并分析出整个动画过程有 3 个关键帧：圆→三角形→圆，并且是变形动画。

所以只要在 3 个关键帧上用绘图工具画出所需图案，并确认为分离状态（如果不是分离的，可以按 Ctrl＋B 组合键打散），然后在各自的关键帧设置帧属性补间类型为"形状"即可，如图 9.1 所示。

具体步骤如下。

（1）启动 Flash 程序后，单击启动对话框中的"创建新项目"→"Flash 文档"按钮，创建一个新文档，选择"文件"→"另存为"命令将其保存为 F1-1. fla（要养成先保存，后测试的习惯）。

（2）选择手形工具，并使场景窗口显示最合适，然后选择椭圆工具，在颜色栏下单击"画笔颜色"按钮，在显示的调色板中单击"关闭颜色按钮"图标，使其不显示画笔颜色，如图 9.2 所示。

（3）单击"油漆桶颜色"按钮，将颜色设置为蓝色，按 Shift 键的同时在场景舞台中用鼠标拖曳出一个正圆图案，完成第一个关键帧的图案绘制。

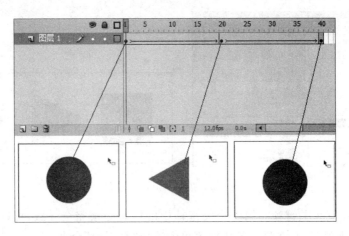

图 9.1　动画层的关键帧与图案设置

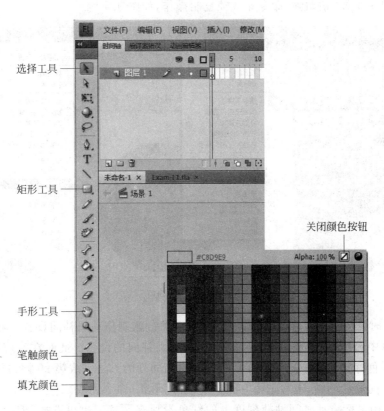

图 9.2　Flash 的常用工具和调色面板

（4）在时间轴的图层 1 上右击第 20 帧，在弹出的快捷菜单中选择"插入空白关键帧"命令，开始绘制红色三角形图案。选择矩形工具，设置油漆桶颜色为红色，按住 Shift 键不放，在场景舞台中用鼠标拖曳出一个正方形图案，用选择工具选中正方形，选择"修改"→"变形"→"扭曲"命令，按住 Shift 键不放，拖曳左上角的控制点向中心点移动，可将正方形变成三角形，如图 9.3 所示。

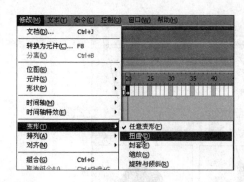

图 9.3　扭曲变形操作过程

（5）由于第三个关键帧与第一个关键帧中的内容必须完全一致，可以采用复制帧的方法建立。右击第 1 帧，在弹出的快捷菜单中选择"复制帧"命令，再右击第 40 帧，在弹出的快捷菜单中选择"粘贴帧"命令完成帧复制操作，如图 9.4 所示。

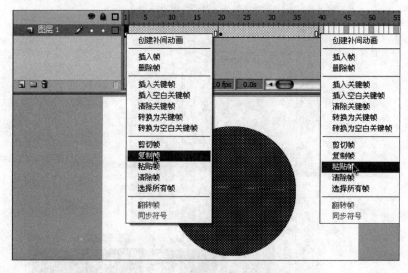

图 9.4　帧的复制和粘贴过程

（6）这时已完成了 3 个关键帧的创建，现对关键帧制作动画补间设置。右击第 1 帧，在快捷菜单中选择"创建补间形状"命令，完成动画补间的设置。此时在对应的层中会出现一条浅绿色背景的箭头实线，如图 9.5 所示，用同样的方法完成第 20 帧的补间设置。

创建补间形状动画，也可选择"插入"→"补间形状"命令完成。

（7）可用鼠标拖动时间轴帧刻度上的红色滑块来预览。也可选择"控制"→"测试影片"命令预览动画效果。

（8）将完成的动画保存为 F1-1.fla 文件，关闭本文档。

**2. 动画补间**

要求：按样例 SF1-2.swf，创建一个文字缩放动画，从一个蓝色的较小较远的文字"大学计算机应用基础"逐渐变近变大并有旋转效果，设置动画场景的背景色为深蓝色（RGB=#333366），帧频为 12fps。

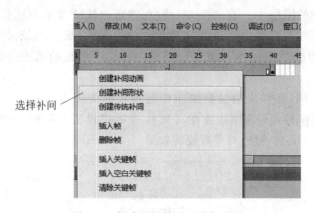

图 9.5 创建关键帧动画补间类型

分析：打开样例文件 SF1-2.swf，观看并分析出整个动画过程共有 3 个关键帧：文字组 1、文字组 2、文字组 3。这些文字的内容都相同，只是大小、位置不同，使用传统补间完成。不要分离文字组，整个动画可以在一层上完成。

只要在第 1 关键帧上用文字工具输入所需内容，然后通过"插入关键帧"完成其余两个关键帧的内容，调整大小、位置后，设置关键帧补间类型为"传统补间"，如图 9.6 所示。

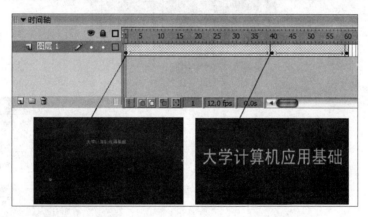

图 9.6 动画层的关键帧与内容设置

具体步骤如下。

（1）新建一个 Flash 文件（ActionScript 2.0），选择"文件"→"另存为"菜单命令将其保存为 F1-2.fla。

（2）选择"修改"→"文档"命令，弹出"文档属性"设置对话框，将帧频调整为 12fps，背景色设置为深蓝色（RGB＝♯333366），如图 9.7 所示。

（3）选择文字工具，在文字属性面板中设置文字格式为白色、黑体、10 像素大小，在场景中输入文字内容"大学计算机应用基础"。选择"窗口"→"对齐"命令，在弹出的对话框中单击"相对于舞台"按钮使其有效，再单击"水平对齐"图标使文字水平居中排列，如图 9.8 所示，完成第一个关键帧的绘制。

（4）在时间轴的图层 1 上右击第 40 帧,在弹出的快捷菜单中选择"插入关键帧"命令。选择任意变形工具后在原有的文字边角上拖曳鼠标,放大到较大的尺寸,然后使用"对齐"面板调整为水平居中、垂直居中。最后,在第 60 帧也插入关键帧,不作任何参数设置。

（5）右击第 1 帧,在弹出的快捷菜单中选择补间类型为"传统补间"类型。右击第 40 帧,作相同的动作补间设置,并且在其属性面板中设置"旋转"项为顺时针 1 圈,如图 9.9 所示,使第 40～60 帧的对象有旋转效果。

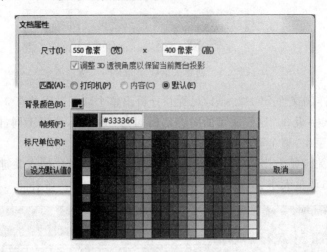

图 9.7  "文档属性"对话框

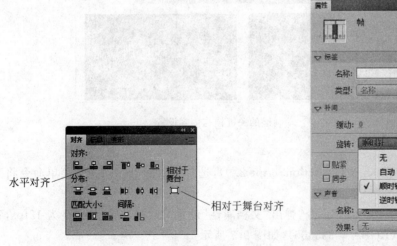

图 9.8  "对齐"面板

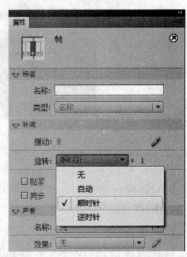

图 9.9  动作补间的旋转设置

（6）拖动时间轴上的指针滑块,可以预览动画效果。

（7）将完成的动画保存为 F1-2.fla 文件后,选择"控制"→"测试影片"命令观看动画播放效果(也可按 Ctrl＋Enter 组合键),最后关闭动画文档窗口。

### 3. 多层动画制作

要求：按样例 SF1-3.swf，模拟滚动广告牌，图片从上向下移动，文字从右向左移动，要求动画场景的背景色为黑色，大小为 550 像素×400 像素，帧数为 6fps。

分析：打开样例文件 SF1-3.swf，观看并分析出动画至少有 3 层，第 1 层垂直翻动的图片动画层，第 2 层为水平的滚动字幕层，第 3 层为背景边框层。

整个动画过程有多个关键帧，第 1 层有 3 对关键帧：图 1、图 2、图 3，每 1 对关键帧都使图片从上端向中间移动；第 2 层有 1 对关键帧，使字幕从右端向左端移动，第 3 层只有普通帧，具体的图层和关键帧关系如图 9.10 所示。

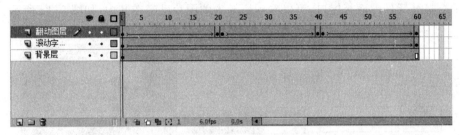

图 9.10　动画层与关键帧的设置

具体步骤如下。

（1）新建 Flash 文件（ActionScript 2.0），选择"文件"→"另存为"菜单命令将其保存为 F1-3.fla。

（2）在"时间轴"窗口的左下方，单击"添加图层"按钮两次，新建两个图层，分别双击 3 个图层标签，将其名更改为背景层、滚动字幕层和翻动图层，完成添加图层和改名操作后如图 9.10 左端所示。

（3）在背景层上画出图像边框。单击背景层的第 1 帧，选择工具栏中的矩形工具，关闭填充色，在线条工具的属性面板中设置线宽为 3、颜色为橙色、线条类型为第 5 行"锯齿线"。然后，用鼠标在场景中从左上到右下拖曳出一矩形框，用"选择工具"选中边框，在属性面板中调整大小为宽度 500 像素、高度 320 像素；位置（左上角）为 X＝25、Y＝10，如图 9.11 所示。

图 9.11　调整图像框图的大小和位置

（4）右击背景层的第 60 帧，在弹出的快捷菜单中选择"插入帧"命令，完成背景层的制作。

（5）单击滚动字幕层的第 1 帧，单击"文字工具"按钮在场景中输入文字"上海应用技术学院奉贤新校区 一期效果预览 2006 年夏开工一年后建成！"，调整文字大小和颜色后，移动文字到图像边框的右下方位置（第 1 个字母正好在场景的右边缘位置），如图 9.12 所示。

（6）单击滚动字幕层的第 60 帧，插入关键帧后，用鼠标水平拖曳文字到场景的左边缘外（可以同时按 Shift 键，以保持水平拖曳），完成滚动字幕层的制作。

图 9.12  移动字幕到场景外

(7) 选择"文件"→"导入"→"导入到库"命令,导入配套素材图片 sit-1.jpg、sit-2.jpg、sit-3.jpg 到库中(要选择多个导入文件时,可同时按 Ctrl 键或者 Shift 键)。选择"窗口"→"库"命令打开元件库面板窗口,可以看到所导入的图片已经在其中,如图 9.13 所示。

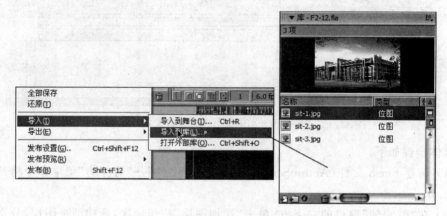

图 9.13  导入图片到元件库中

(8) 单击翻动图层的第 1 帧,选中元件库中的图片 sit-1.jpg 将其拖曳到场景中,在属性面板中调整位置为 X=35 像素、Y=20 像素,大小不变。然后右击第 20 帧,选择"插入关键帧"命令,再单击第 1 帧,并用鼠标垂直拖曳图片到场景上方的边缘外,完成第 1 幅图片的设置,如图 9.14 所示。

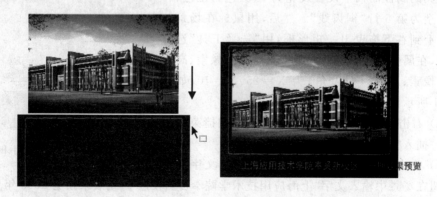

图 9.14  设置"翻动图层"的开始和终止位置

(9) 用同样的方法,完成第 2 幅图片 sit-2.jpg(第 21～40 帧)、第 3 幅图片 sit-3.jpg(第 41～60 帧)的设置。

（10）单击滚动字幕层的第 1 帧，设置动画为"传统补间"类型，完成水平滚动字幕的制作。

（11）依次单击翻动图层的第 1 帧、第 21 帧、第 41 帧，设置动画为"传统补间"类型，完成图片翻动的效果制作。

（12）将完成的动画保存为 F1-3.fla 文件后，按 Ctrl＋Enter 组合键观看动画播放效果。

## 三、实验内容

1. 形状补间。打开"动画样例-1.swf"文档，观看播放效果，然后创建一个文字变化的动画，从"中国世博会"变成"上海欢迎您"。要求动画的背景从红色变成蓝色，场景大小为 500 像素×200 像素，时间长度为 50 帧，动画过程为 40 帧，最后 10 帧保持原状，时间轴效果如图 9.15 所示。完成后保存源文件，并生成同名的播放文件。

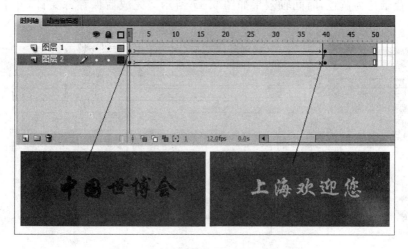

图 9.15　关键帧设置和形状补间效果

制作提示：

（1）变形动画的文字必须先"分离"，后添加补间形状。

（2）图案色彩变换可采用"补间形状"完成，但图案要先分离。

（3）保存 FLA 格式文件后，按 Ctrl＋Enter 组合键，可以生成同名 SWF 的播放文件。

2. 动画补间。打开"动画样例-2.swf"文档，观看播放效果，然后创建一个有光泽感的旋转立体圆球，从小到大顺时针旋转，时间长度为 60 帧，动画过程前 40 帧立体球从左上方向中心边旋转边移动，后 20 帧原地旋转，动画场景参数全部采用默认值，时间轴效果如图 9.16 所示。完成后保存源文件，并生成同名的播放文件。

制作提示：

（1）绘制有光泽感的立体圆球，要用渐变填充方式，并注意油漆桶的单击位置。

（2）立体圆球的旋转可通过传统补间属性设置实现。

3. 多层动画制作。打开"动画样例-3.swf"文档，观看播放效果，然后创建大小两球碰撞效果的动画，大球灰色、小球红色，碰撞后两球反向减速运动，有水平线背景层，动画

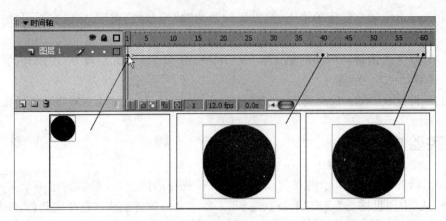

图 9.16    动画层的关键帧与内容设置

场景参数背景色为黄色,时间轴效果如图 9.17 所示。完成后保存源文件,并生成同名的播放文件。

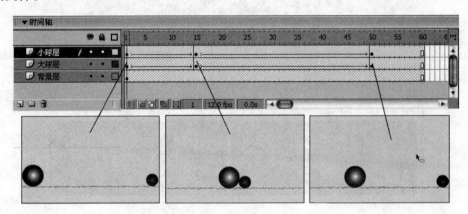

图 9.17    动画层的关键帧与内容设置

制作提示:

(1) 立体圆球的制作方法同第 2 题相同。

(2) 圆球的运动速度变化,可以通过调整传统补间属性中的"缓动"值实现。

(3) 水平线形状可通过其属性调整改变。

# 实验十
# Flash 动画制作

## 一、实验目的

1. 了解 Flash 中元件的概念。
2. 掌握图形元件和影片元件的创建方法。
3. 学会图案对象的颜色和明暗度的调整。
4. 了解 Flash 中特殊层的应用。

## 二、实验指导

### 1. 元件建立和应用

要求：按样例 SF2-1. swf，创建具有星空闪烁和流星飞过效果的动画，会闪烁的星星要求创建影片剪辑元件，动画场景参数全部默认。

分析：打开样例文件 SF2-1. swf，观看并分析出动画只有 3 层，即背景层、文字层和星光层。整个动画过程中，由于采用影片剪辑元件来制作，所以主场景只有 1 个关键帧。具体的图层和时间帧关系如图 10.1 所示。

图 10.1　主场景图层和星光之夜的效果

本动画由单帧的主场景构成,其中包含影片剪辑元件(星光和流星)。而影片剪辑由图形元件(星图)构成,其好处是修改方便,并可设置明暗度(Alpha)来模拟星星的闪烁效果。另外,只要修改星图内容,图形元件、影片剪辑中所用到的星图部分都会自动更改。

具体步骤如下。

(1) 单击 Flash 启动对话框中的"创建新项目"→"Flash 文档"按钮,新建 F2-1.fla 文档。

(2) 单击"添加图层"按钮再添加两层,双击图层的标签位置,将其名更改为背景层、文字层和星光层。

(3) 在背景层上画出有渐变效果的填充图案,单击背景层的第 1 帧,选择工具栏中的矩形工具,关闭边框色。在填充色面板选择灰色线性渐变,并在"混色器"面板中将白色端调整为蓝色后,用鼠标在场景中从左上到右下拖曳出与场景大小一致的矩形框。再用油漆桶工具在图案的垂直方向作拖曳操作,然后改变渐变方向为垂直,使之形成上黑下蓝的夜晚的天空效果,完成背景层的制作。

(4) 选择"插入"→"新建元件"命令,创建名为"星图"的图形元件。单击图层第 1 帧,用多边形工具在场景中拖曳出一个没有边框线的白色四边星形图案。

使用多边形工具绘制星形时,在其属性面板的"选项"中,设置样式为"星形"、边数为4、星形顶点大小为 0.2。并在属性面板中调整高、宽均为 50 像素;位置水平、垂直居中,如图 10.2 所示。

图 10.2    多边形属性设置和完成的星形图

(5) 新建图层 2,选中图层 1 中的十字星图,通过复制、粘贴到图层 2 的中心位置,并将其缩小 50%,再选择"窗口"→"设计面板"→"变形"命令,打开"变形"面板,调整旋转角度为 45 度,结果如图 10.3 所示。

(6) 选择"插入"→"新建元件"命令,创建名为"星光"的影片剪辑元件。单击图层第1帧,从元件库中拖曳"星图"元件到元件场景中心位置(可用对齐面板调整),然后在第5、第 10、第 20、第 25、第 30、第 40 帧位置分别插入关键帧。

(7) 选中图层后,在属性面板中设置动作补间,并在第 5、第 25 帧处设置 Alpha 为 0,在第 10、第 30 帧处设置 Alpha 为 30%,第 20、第 40 帧处设置 Alpha 为 100%,形成或暗或亮的闪耀效果,如图 10.4 所示。

(8) "流星"影片剪辑元件的创建是利用星光影片剪辑元件完成的。新建"流星"影片剪辑元件,为了与星光闪耀时间不同步,应在第 10 帧位置插入空白关键帧,将刚创建的"星光"影片剪辑从元件库中拖曳到元件场景中心位置,并在第 30 帧处插入关键帧,移动流星元件到左下方位置,最后在第 10 帧处设置动作补间,顺时针旋转 1 圈,完成流星影片

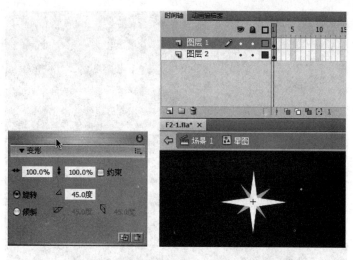

图 10.3 旋转十字星和完成的星图时间轴

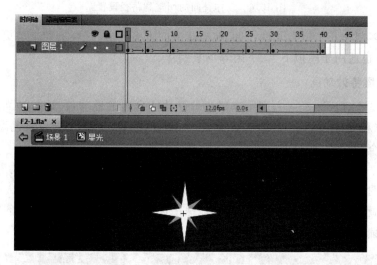

图 10.4 星光元件引导层和关键帧的设置

剪辑元件的制作,最后的元件库列表如图 10.5 所示。

（9）回到主场景（单击时间轴上方的"场景 1"标签），把"星光"元件拖曳到星光层第 1 帧上,适当调整位置、大小和角度,然后通过复制、粘贴完成星光的布局。为了效果比较真实,可以分别调整为不同的大小、角度和长宽比例。拖曳"流星"元件到场景中,调整大小合适后,再复制两个,布局到位,如图 10.6 所示。

（10）在文字层输入橙色标题文字"星光闪耀"后,将完成的动画保存为 F2-1.fla 文件,并选择"控制"→"测试影片"命令观看动画效果。关闭当前动画文档窗口。

图 10.5 元件库列表

图 10.6　动作补间的调整到路径设置

如果能多制作几个星光元件,它们在亮暗时间上有先后,这样的效果会更自然。本样例制作方法,也适用于模拟下雪、下雨等场景制作。

**2. 遮罩层特效动画**

要求: 按样例 SF2-2. swf,利用遮罩技术设计能自转的地球仪,地球平面图片 earth. jpg 从配套素材文件夹中导入,地球表面希望有立体的光泽感,背景为黑色渐变效果,动画场景参数全部默认,并要求生成同名的播放文件。

分析: 打开样例文件 SF2-2. swf,观看并分析出动画至少有 4 层,最底为背景层,其次为地球平面图,它的上层为圆形遮罩层,最上面是立体效果层。

整个动画过程只有两个关键帧,即在地球平面图片层的第 1 层帧和第 60 帧,具体的图层和关键帧关系如图 10.7 所示。

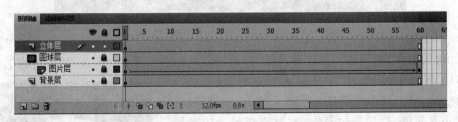

图 10.7　遮罩层与关键帧的设置

具体步骤如下。

(1) 单击 Flash 启动对话框中的"创建新项目"→"Flash 文档"按钮,新建 F2-2. fla 文档。

(2) 在"时间轴"窗口的左下方,单击"添加图层"按钮 3 次,新建 3 个图层。分别双击 4 个图层标签,将其名更改为背景层、图片层、圆球层和立体层,完成添加图层和改名操作后如图 10.7 左端所示。

（3）在背景层上画出有渐变效果的填充图案（没有边框线）。单击背景层的第1帧，单击工具栏中的矩形工具，关闭边框色。在填充色面板选择灰色的线性渐变，并在"混色器"面板中将白色端调整为浅灰色，如图10.8所示。

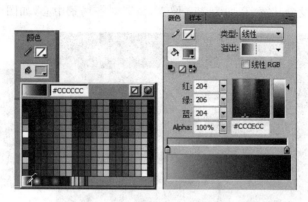

图10.8　渐变填充色的设置

（4）用鼠标在场景中从左上到右下拖曳出一矩形框，由于 Flash 默认线性渐变是水平方向，可要用油漆桶工具在图案的垂直方向作拖曳操作（也可用渐变变形工具完成），就可改变渐变方向，如图10.9所示。

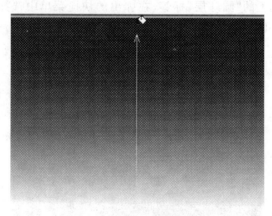

图10.9　调整渐变填充的方向

（5）用选择工具选中矩形图案，在属性面板中调整大小为宽度550像素、高度400像素；位置为 X=0、Y=0，并输入白色垂直标题文字"卫星下看到的地球"。

（6）单击背景层的第60帧，右击，在弹出的快捷菜单中选择"插入帧"命令，确认整个动画长度为60帧，完成背景层的制作。

（7）选择"文件"→"导入"→"导入到库"命令，从素材文件夹中导入素材图片 earth.jpg 到库中，选择"窗口"→"库"命令打开"元件库"面板，可以看到所导入的图片已经在其中。

（8）单击图片层的第1帧，选中元件库中的图片 earth.jpg 将其拖曳到场景中，在属性面板中调整其大小：宽为1170像素、高为250像素；位置：X=150像素、Y=75像素。

(9) 单击图片层的第 60 帧,插入关键帧后,用鼠标水平拖曳图片到场景的左边缘外(具体位置:X=−770 像素、Y=75 像素),完成地球平面移动的制作。

(10) 单击圆球层的第 1 帧,用椭圆工具在场景中画出一个没有边框线的正圆图案,颜色没有要求,并设置其宽、高均为 250 像素,位置对齐场景中心,如图 10.10 所示。

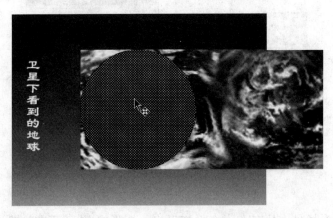

图 10.10　绘制地球圆形图案

(11) 单击圆球层的第 60 帧,右击,在弹出的快捷菜单中选择"插入帧"命令。

(12) 右击时间轴上的"圆球层"标签,在弹出的快捷菜单中选择"遮罩层"命令,完成遮罩层设置,如图 10.11 所示。

图 10.11　圆球层设置成"遮罩层"后的效果

(13) 单击立体层的第 1 帧,与步骤(10)画圆球图相同的方法,在场景中心画出一个大小相同、灰色放射状填充的圆球图案。并在"混色器"面板中将白色端调整为透明色(Alpha=0),其他不变,如图 10.12 所示。

(14) 单击本层的第 60 帧,右击,在弹出的快捷菜单中选择"插入帧"命令,完成立体层的制作。

(15) 单击图片层的第 1 帧,在其属性面板中选择"动画"补间类型。单击第 1 帧后选择"控制"→"播放"菜单命令预览动画效果。

(16) 将完成的动画保存为 F2-2.fla 文件后,按 Ctrl+Enter 组合键产生 F2-2.swf 播

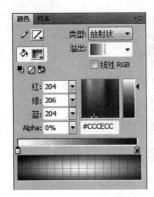

图 10.12　设置透明效果和完成的立体效果图

放文件,并观看动画播放效果。

## 三、实验内容

1. 元件建立和应用。打开"动画样例-4. swf"文档,观看播放效果。创建具有渐变过渡效果的广告动画,广告图片 sit-1. jpg、sit-2. jpg、sit-3. jpg 从配套素材文件中导入,整个动画长度为 60 帧,且两幅广告画之间有 10 帧重叠过渡,时间轴如图 10.13 所示,界面效果如图 10.14 所示。完成后保存源文件,并生成同名的播放文件。

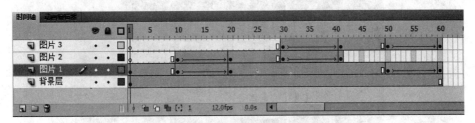

图 10.13　渐变广告动画时间轴设置

图 10.14　渐变广告动画界面效果

制作提示：

(1) 渐变图像必须转换为"图形元件"后使用。

(2) 明暗变化要用"动画补间"方式实现。

(3) 动画图片必须在各自的图层中设置完成。

(4) 背景层一般不作动画设置。

2. 遮罩层特效动画。打开"动画样例-5. swf"文档，观看播放效果。利用遮罩技术制作一个具有"放大镜"效果的补间动画，素材图片 iPhone. jpg 从配套素材文件夹中导入，动画场景大小为 500 像素×500 像素。要求放大镜自动从左向右移动后返回原处，时间轴如图 10.15 所示。完成后保存源文件，并生成同名的播放文件。

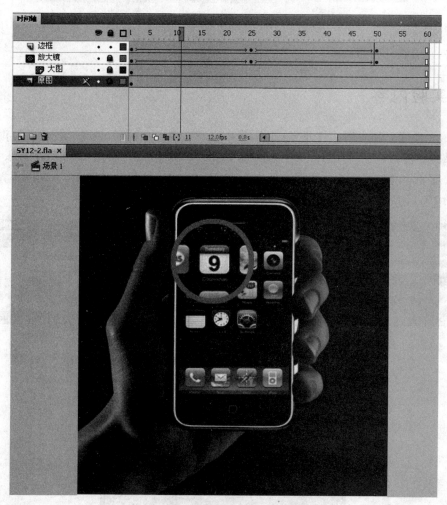

图 10.15 　"放大镜"动画时间轴效果

制作提示：

(1) 被遮罩的图片必须比原图放大(约放大 30%)。

(2) 遮罩层上的圆形对象就是"放大镜"形状。

（3）遮罩层作动画补间，而放大镜边框不在遮罩层上，应该在其上的独立层上作和放大镜同步的动画效果。

（4）在被遮罩层下面是原图层。

3. 引导层特效动画。打开"动画样例-6. swf"文档，观看播放效果。创建飞机沿路径飞行的动画，飞机图形已存在 SY12-1. fla 文档中，背景图 cloud. jpg 从配套素材文件中导入，要求飞机能沿指定路径飞行，并随上升下降而改变角度运动，时间轴效果如图 10.16 所示。完成后保存源文件，并生成同名的播放文件。

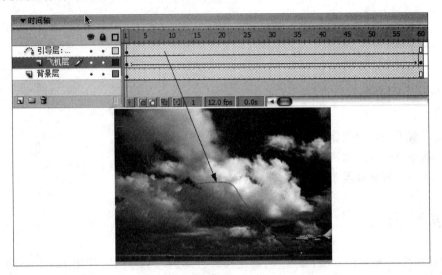

图 10.16 引导层动画时间轴效果

制作提示：

（1）被引导飞机图案必须为元件。

（2）绘制引导层上的引导线不能有断点。

（3）对被引导对象作动画补间，并设置"调整到路径"相关属性。

（4）注意被引导对象的"中心点"必须压在引导线上。

# 实验十一
# 动画制作综合应用

## 一、实验目的

1. 了解 Flash 动画作品创作的过程。
2. 熟悉 Flash 添加声音的方法。
3. 掌握多媒体作品制作的综合技能。

## 二、实验内容

运用所学动画制作方法,参考"动画制作综合样例.swf"文档,使用 Flash 动画制作软件创意设计一个多媒体动画作品,作品名称为"校运动会图片新闻",其关键帧设置和形状补间效果如图 11.1 所示。

图 11.1　关键帧设置和形状补间效果

具体要求如下。

（1）多媒体作品界面尺寸为 800 像素×450 像素（宽高比约为 16∶9）、浅蓝色背景。其他展示信息尺寸自定。

（2）作品主题必须和运动会情景紧密关联，所有素材可以是本人拍摄，或者网络获取。

（3）作品要求有较好的视觉效果，包括色彩、文字、特效等。

（4）作品必须有片头信息（包含封面图、标题、制作人姓名、学号等）。

（5）整个作品展示必须包含以下内容。

① 图片：除了规定的校徽图片外，其他图片必须保证较好的色调明暗效果。

② 交互：按钮可自建，也可以使用公共库中已有的按钮元件。

③ 声音：有与主题匹配的背景音乐，并设置声音的同步属性为数据流。

（6）新闻图片至少 3 张或以上，不单击按钮时图片自动循环切换显示，一旦单击按钮，要求直接显示指定图片并延续循环。

（7）在作品合适位置，显示制作人相关信息（如姓名、学号、日期等）。

**说明：**

（1）样例仅供演示参考，不可全部照搬。

（2）可以改变作品展示风格，但不能脱离"运动会图片新闻"的主题要求。

（3）整个图片新闻动画制作包含多个图层（见图 11.2），以方便独立编辑和补间动画处理，动画长度约 180 帧。

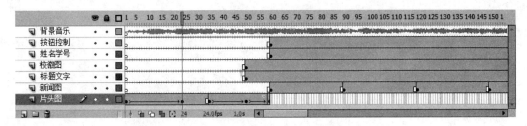

图 11.2　动画制作时间轴面板信息

完成的效果参见样例文件"动画制作综合样例.swf"，具体制作步骤说明如下。

（1）新建 Flash 文档（ActionScript 2.0），设置场景大小后导入所需全部素材至元件库。

（2）将片头图片转为图形元件，并设置透明度和传统补间动画，完成片头动感效果。

（3）新建层，在片头动画结束位置插入关键帧放置第一张新闻图片，并适当间隔一段时间后，依次设置完其他新闻图片。

（4）新建两个层，参考样例添加校徽图和标题文字，并各自调整到位。

（5）继续新建层，在适当位置放置几个按钮，并对按钮添加各自的跳帧（gotoAndPlay）代码。

（6）要保证新闻图片能循环播放，只要在最后关键帧上添加 goto 跳帧代码即可。

（7）最后新建两层，分别放置声音和姓名学号等文字信息。

(8) 保存文件(FLA、SWF 格式),并测试播放效果。

(9) 提交的内容包括以下两项。

① 作品文件: Flash 的 FLA、SWF 格式。

② 素材文件: 作品中所用到的全部素材文件,包括图片为 JPG 格式、声音为 MP3 格式。

# 实验十二
# Dreamweaver 入门及文本网页设计

## 一、实验目的

1. 熟悉 Dreamweaver CS4 界面。
2. 掌握"插入面板"中的"文本"面板、"常用"面板、"文本"面板和文本属性面板的使用。
3. 掌握建立站点的方法。
4. 掌握设置文本格式的方法。
5. 掌握使用表格进行排版的方法。

## 二、实验指导

### 1. 启动并建立本地站点

(1) 启动 Dreamweaver,如图 12.1 所示。

(2) 选择"窗口"→"文件"命令,打开"文件"面板,如图 12.2 所示。

(3) 在"桌面"下拉列表框中选择"管理站点"选项,弹出"管理站点"对话框。

(4) 在该对话框中单击"新建"按钮,如图 12.3 所示,在弹出的菜单中选择"站点"命令,弹出"未命名站点 1 的站点定义为"对话框。

(5) 在该对话框"基本"选项卡中的"您打算为您的站点起什么名字"文本框中输入站点名称,如自己的学号: 1010101010。

(6) 单击"下一步"按钮,在弹出的对话框中选中"否,我不想使用服务器技术"单选按钮(表示该站点是一个静态站点,没有动态页)。

(7) 单击"下一步"按钮,在弹出的对话框中选择在开发过程中如何使用文件,这里选中"编辑我的计算机上的本地副本,完成后再上传到服务器(推荐)"单选按钮。

(8) 在"您将把文件存储在计算机上的什么位置"文本框中输入本地站点存储的位置,也可单击"文件夹"按钮,在打开的对话框中选择站点的存储位置。学生可将文件夹建立在某个盘下,并以自己的学号来命名,如"D:\学号"(将"学号"两个字替换为自己的学号),如图 12.4 所示。

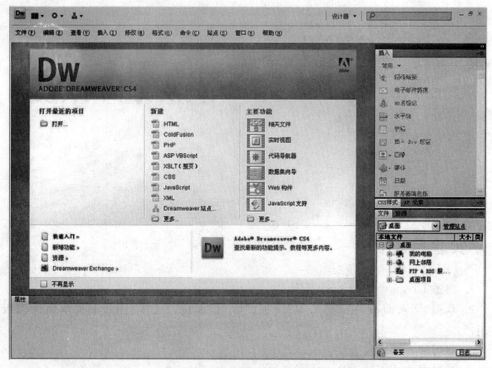

图 12.1　启动 Dreamweaver

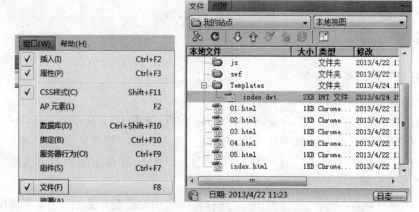

图 12.2　打开"文件"面板

图 12.3　管理站点、新建站点

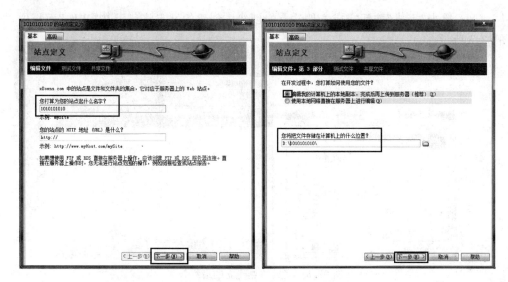

图 12.4　设置站点名称和保存路径

(9) 单击"下一步"按钮,在弹出的对话框中的"您如何连接到远程服务器"下拉列表框中选择"无"选项,如图 12.5 所示。

图 12.5　连接服务器选项

(10) 单击"下一步"按钮,在弹出的对话框中单击"完成"按钮完成本地站点的定义。此时"管理站点"对话框左侧列表中将显示名为 tianshu 的站点。

（11）单击"完成"按钮完成本地站点的创建。创建的站点将显示在"文件"面板中，如图 12.6 所示。

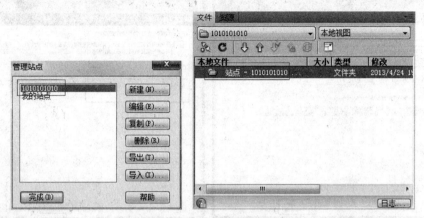

图 12.6　完成站点建立的最终效果

（12）建立第一个网页 index. htm。首先选择"文件"→"新建"命令，弹出"新建文挡"对话框，如图 12.7 所示。

在对话框中选择"空白页"选项卡中的 HTML 选项，并单击"创建"按钮，如图 12.8 所示。

图 12.7　新建页面

图 12.8　新建 HTML 页

成功创建后，将在设计界面中增加 untitled-1，意思为新创建尚未命名的第一个 HTML 文件，这个名称意味着此时文件还尚未正式保存到硬盘中，需要进行保存。选择"文件"→"保存"命令，如图 12.9 所示。

单击"保存"按钮后，弹出"另存为"对话框，确定网页保存的位置（文件夹）、文件的名称后单击"保存"按钮，如图 12.10 所示。

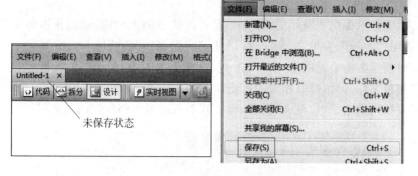

图 12.9 新建的 HTML 页并保存

图 12.10 选择保存路径

完成保存后,在设计界面可以看到 untitled.html 被修改为 index.html,在"文件"面板中可以看到站点目录下增加了一个 index.html,如图 12.11 所示。

图 12.11 完成保存后的效果

此时第一个网页正式建立完成。

**2.“插入”面板组**

“插入”面板组提供了常用的 HTML 元素的快速插入功能，该面板组包括 7 个面板，依次为“常用”“布局”“表单”“文本”、HTML、“应用程序”和“Flash 元素”。

单击面板组名称右端的下三角按钮 ▾，打开下拉列表，如图 12.12 所示，在下拉列表中选择子面板名称，即可打开相应的面板。

选择下拉列表中的“收藏夹”选项，可在其中添加网页制作时的一些常用对象。

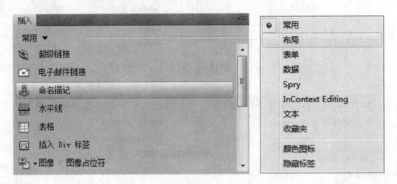

图 12.12　“插入”栏中的选项

“常用”面板中包含插入超链接、邮件链接、命名锚记、表格、图像等相关功能。

“布局”面板中包含表格、层等布局相关功能。“文本”面板中包含粗体、斜体、设置格式、插入特殊字符等功能，如图 12.13 所示。

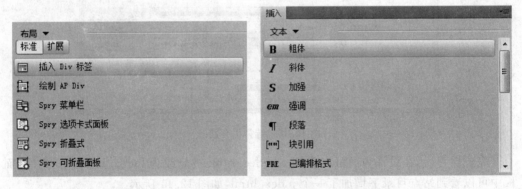

图 12.13　“布局”和“文本”面板中的选项

“表单”面板中包含插入表单元素的功能，如图 12.14 所示。

**3. 编辑网页文本**

（1）从文本文件添加文本。打开实验素材中的“第一部分.txt”文件，复制所有文本，并在设计界面中直接通过粘贴操作将文本粘贴在 index.html 文件中，如图 12.15 所示。

完成粘贴后，从文本文件中复制的文本将显示在 index.html 文件的设计界面中，如图 12.16 所示。

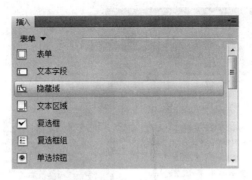

图 12.14 "表单"面板中的选项

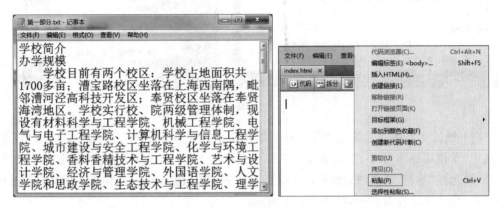

图 12.15 复制和粘贴文本文件

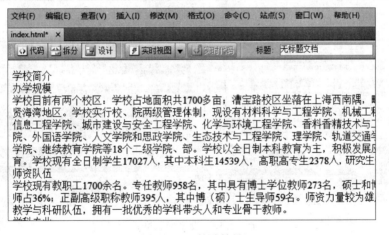

图 12.16 粘贴结果

（2）从 Word 文件添加文本。打开实验素材中的"第二部分.doc"文件，复制所有文本，并在设计界面中直接通过粘贴操作将文本粘贴在 index.html 文件中，如图 12.17 所示。

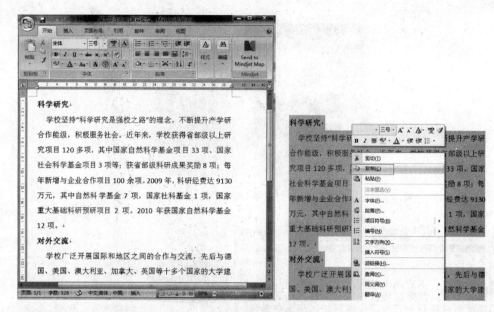

图 12.17　复制和粘贴 Word 文档

（3）设计文本格式。首先将第一行的学校简介设置为"标题 1"，并居中。方法是：首先选中"学校简介"4 个字，然后在下方的属性面板的 HTML 选项卡中找到"格式"下拉列表框，并选择"标题 1"选项；然后在属性面板中找 CSS 选项卡中的多根居中横线的图标并单击，将文字设置为居中，如图 12.18 所示。

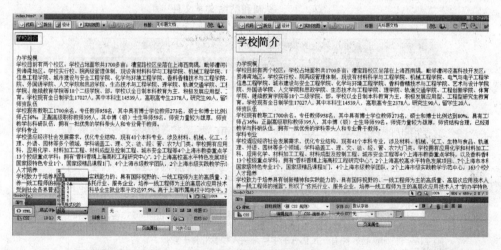

图 12.18　设置标题格式

然后修改标题格式为隶书。方法是：在属性面板中找到"字体"下拉列表框，单击下拉列表框显示可用的字体列表。如果列表中有隶书则直接选择，没有隶书的情况下，选择下拉列表中"编辑字体列表"，如图 12.19 所示。单击后会弹出对话框，在弹出的对话框的"可用字体"下拉列表中选择隶书并单击中间的"≪"按钮，将字体添加到"选择的字体"列表中，如图 12.20 所示；单击"确定"按钮后，即可在下拉列表中选择隶书。

图 12.19　编辑字体

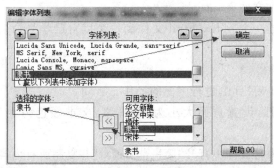

图 12.20　添加隶书

（4）浏览结果。在文件窗口中，选择要浏览的 HTML 文件，右击，在弹出的快捷菜单中选择"在浏览器中预览"命令，然后从右侧显示的浏览器中选择要用来浏览结果的浏览器，如图 12.21 所示。当提示是否保存文件时，单击"是"按钮。

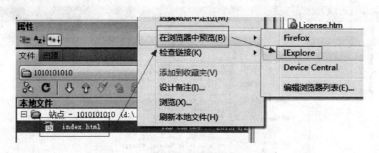

图 12.21　选择浏览器

# 三、实验内容

1. 建立站点。

(1) 根据实验指导,在 D 盘建立以自己学号命名的站点。

(2) 在站点中增加文件夹 images、styles。

(3) 在站点中新建一个 index.html 文件和一个以自己学号命名的 HTML 文件(如 1010101010.html)。

2. 设计首页内容。

(1) 双击打开 index.html,进行下面的操作。

(2) 修改页面属性,设置页面大小为 12 像素,文本颜色为♯000099,背景颜色为 ♯CCCCFF。

(3) 从配套实验素材文件中打开"第一部分.txt"并复制所有内容到 index.html 文件中。编辑文件标题,在属性面板设置字体为黑体,字号为 36,颜色为红色。

(4) 在标题下方插入一个横线,在属性面板中设置其高度为 5。

(5) 将"办学规模""师资队伍""学科专业""人才培养""教学科研"的字体设置为黑体,字号为 24,颜色为♯000099。

(6) 打开"文本"面板,在每个内容段落前,插入 4 个"不换行空格"　。

(7) 在文件最下方插入版权标记,并输入"上海应用技术学院"　。

(8) 预览生成的文件,如图 12.22 所示。

(9) 在横线下方(可在横线后按 Enter 键)插入 5 行 2 列表格,设置表格宽度为 96%,边框粗细、单元格边距、单元格间距 3 个数值都设置为 0,单击"确定"按钮将插入表格,如图 12.23 所示。然后向左拖动中间的表格边框,到数字显示为 200 时放开,如图 12.24 所示。将第 1 列的 5 行全部选中后,在属性面板中合并单元格。

(10) 选择表格,在属性面板中将表格的"对齐"属性修改为"居中对齐";在左侧单元格中输入"办学规模""师资队伍""学科专业""人才培养""科学研究",并设置字体(同步骤(5))。然后设置左侧单元格属性为"垂直:顶端"　。最后按效果图将文字内容放入表格,形成图 12.25 所示的效果。

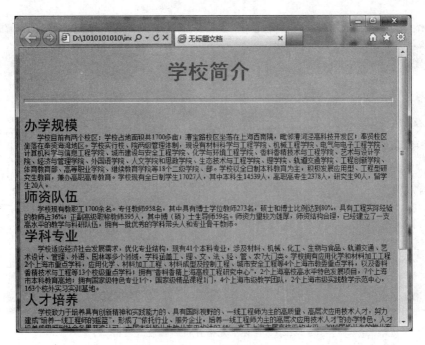

图 12.22　预览内容

图 12.23　插入表格时的设置

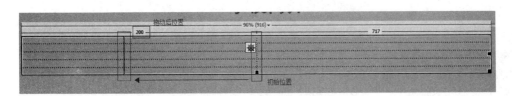

图 12.24　调整列的宽度

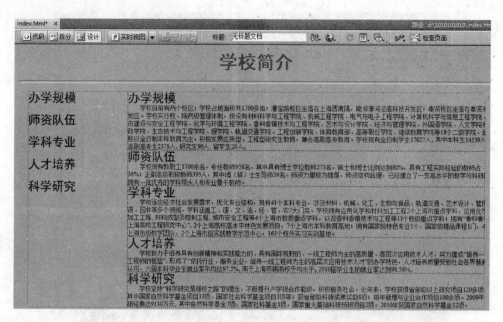

图 12.25　合并单元格并将内容放入表格

完成后通过预览观察结果。

# 实验十三
# 图文混排及超链接设计

## 一、实验目的

1. 掌握如何创建与各种对象的超链接。
2. 掌握编辑各种超链接的方法。
3. 掌握利用站点地图管理超链接的方法。

## 二、实验指导

### 1. 插入图像

首先将实验资源中的图像复制到站点文件夹下的 img 文件夹下。如在前一实验结果上进行本实验,则应当复制在"D:\你的学号\img"文件夹,如图 13.1 所示。

如 Dreamweaver 中的"文件"面板中未出现该文件夹,可单击"刷新"按钮,如图 13.2 所示。

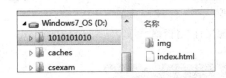

图 13.1 复制图像

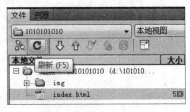

图 13.2 "文件"面板

完成图像复制后,需要在网页中插入图像时,首先将光标放置在文档窗口中需要插入图像的位置,然后单击"常用"面板中的"图像"按钮。如图 13.3 所示,在学校简介上方插入一个空行后,在红色框位置单击,然后单击"常用"面板中的"图像"按钮。

在弹出的"选择图像源文件"对话框中选择 img/001.jpg,单击"确定"按钮就把图像 001.jpg 插入了网页中,如图 13.4 和图 13.5 所示。

完成后,按 F12 键即可观察结果,如图 13.6 所示。

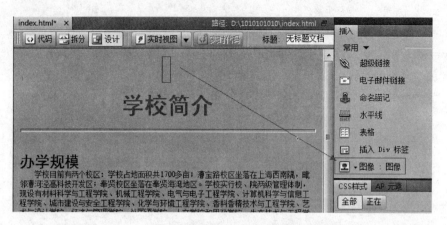

图 13.3　在网页中插入图像

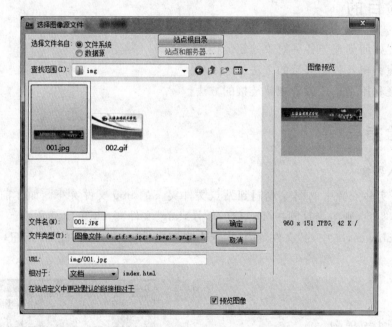

图 13.4　"选择图像源文件"对话框

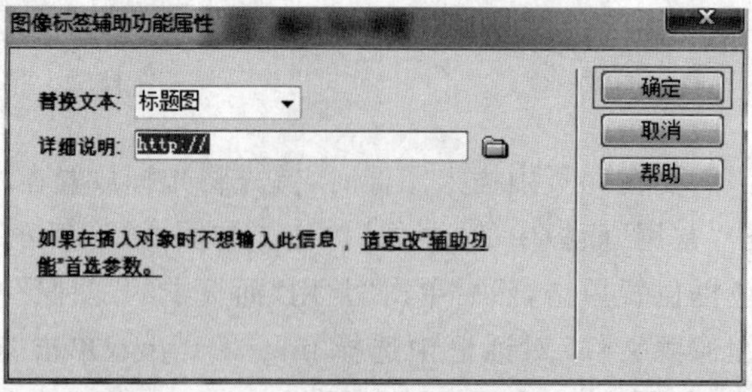

图 13.5　"图像标签辅助功能属性"对话框

图 13.6 插入图像后的效果图

**2. 设置图像格式**

选中图像后,在属性面板中显示出图像的属性,如图 13.7 所示。

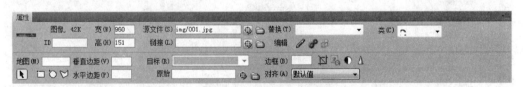

图 13.7 设置图像属性

打开属性面板中的"对齐"下拉列表框,可以将图像设置成居中对齐。

在属性面板中,"对齐"下拉列表框中可以设置图像与文本的相互对齐方式,共有 10 个选项。通过这些选项可以将文字对齐到图像的上端、下端、左边和右边等,从而可以灵活地实现文字与图片的混排效果。

**3. 设置超链接**

(1)插入指向其他网站的超链接。在属性面板的"链接"文本框中输入要链接的对象即可。链接到上海应用技术学院站点,则在链接栏输入上海应用技术学院的站点 http://www. sit. edu. cn,目标选择_blank,如图 13.8 所示。

(2)插入锚记。单击首页标题位置,然后选择"插入"→"命名锚记"命令,弹出"命名锚记"对话框,在"锚记名称"文本框中输入锚记名称 top,如图 13.9 所示。

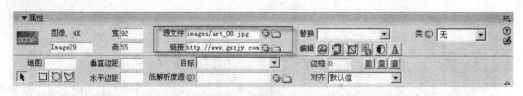

图 13.8  设置超链接

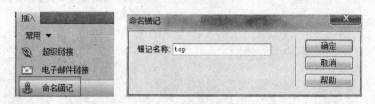

图 13.9  创建 top 锚记

完成后的效果如图 13.10 所示。

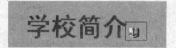

图 13.10  top 锚记效果

在文件最下方添加文字"返回顶部",并设置该文字对应的链接为♯top,如图 13.11 所示。

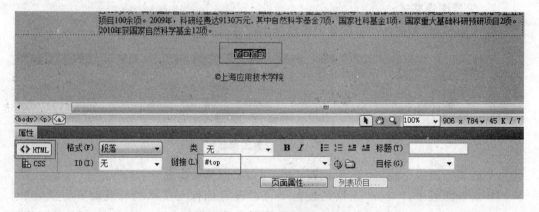

图 13.11  建立到锚记的超链接

（3）插入邮箱链接。在首页最下方输入"联系我们"，选择这 4 个字之后直接在属性面板的"链接"文本框中输入"：mailto：具体的邮箱名"即可，如 mailto：admin@sit.edu.cn，如图 13.12 所示。

插入邮箱链接的第二种方法是选择"插入"→"电子邮件链接"命令，在弹出的对话框中输入文本和邮箱地址，单击"确定"按钮。

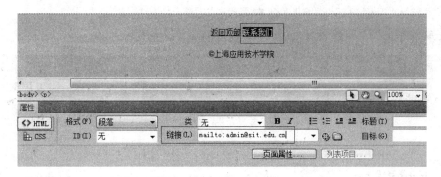

图 13.12　建立邮箱链接

# 三、实验内容

1. 图文混排。

（1）打开 index. html，在标题下方插入图像 001. jpg。

（2）调整 001. jpg 的大小为 1024 像素×160 像素，选择对齐方式为"居中"，替换文本设置为"标题"。

（3）在左侧导航"办学规模""师资队伍""学科专业""人才培养""科学研究"文字前面分别插入图像中的 nav. png。

（4）设置页面的背景图像为 background. jpg。

（5）在左侧每个栏目内容文字下方插入图像资源中对应文字的 JPG 图像。

2. 插入超链接。

（1）选择文件顶部的图像，在属性面板中单击"矩形热点工具"按钮，在"上海应用技术学院"文字处添加一个热点，然后选择热点，将热点的超链接设置为 http：//www. sit. edu. cn。

（2）在学校简介文字处加命名锚记 top。在文件尾部增加"返回顶部"，链接设置为♯top，能实现页尾到页首的链接。

（3）在右侧内容的每栏目标题文字后方，按顺序分别加命名锚记 1、2、3、4、5。

（4）在文件上部"学校简介"文字下方增加 6 个短语"返回首页""办学规模""师资队伍""学科专业""人才培养""科学研究"。其中"返回首页"文字加超链接到 http：//www. sit. edu. cn。后面 5 个文字链接，分别设置链接到♯1、♯2、♯3、♯4、♯5，实现栏目的导航。

（5）左侧导航栏的 5 个文字栏目也分别设置链接到♯1、♯2、♯3、♯4、♯5，实现栏目的导航。

（6）在 index. html 页面最下方输入"联系我们"，并插入邮件链接，地址为 mailto：admin@sit. edu. cn。

（7）在学号. html 页面最下方输入"联系我"，并插入邮件连接，地址为个人邮箱地址，如果没有邮箱地址，输入学号@sit. edu. cn。

（8）在个人首页的标题和 index. html 的标题位置分别插入锚记，命名为 top，并在页面最下方输入"返回顶部",并建立到本页面锚记 top 的超链接。

完成效果如图 13.13 所示。

图 13.13　最终效果图

图　13.13(续)

# 实验十四
# 网页设计综合应用

## 一、实验目的

1. 掌握插入 Flash 动画等多媒体的方法。
2. 掌握表单界面设计方法。
3. 掌握网页设计方法的综合应用。

## 二、实验指导

### 1. 多媒体

插入 Flash 动画的具体步骤如下。

将光标放置在需要插入 Flash 动画的位置，单击"常用"面板中的"媒体"按钮，然后在弹出的列表中选择 Flash→SWF 命令，通过文件系统找到所需的 SWF 文件，如图 14.1 和图 14.2 所示。

完成设置后可以在 HTML 界面上看到所选的 SWF 文件，如图 14.3 所示。

单击该 Flash 动画，在属性面板上进行进一步设置，如图 14.4 所示。

选中"循环"复选框使影片连续播放，否则影片在播放一次后自动停止。

选中"自动播放"复选框，可以设定 Flash 动画是否在页面加载时就播放。

图 14.1　插入 Flash 元素

在"品质"下拉列表中可以选择 Flash 影片的画质，如要以最佳状态显示，选择"高品质"选项。

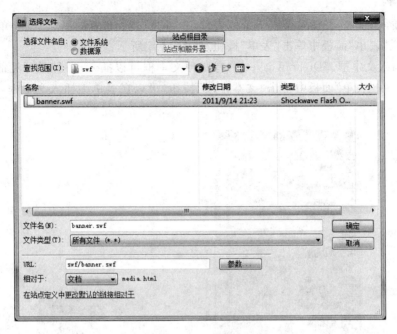

图 14.2 插入 SWF 文件

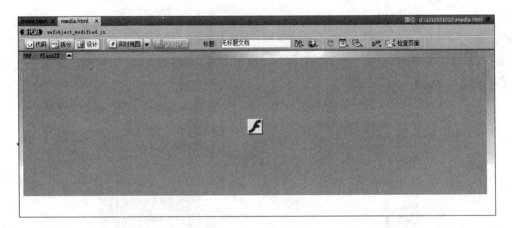

图 14.3 完成插入的效果

图 14.4 Flash 动画的属性设置

**2. 表单**

（1）插入表单。将插入点置于希望表单出现的位置。选择"插入"→"表单"命令，或在"插入"栏"表单"面板中单击"表单"按钮，如图 14.5 所示。

（2）插入文本框。Dreamweaver 中有两种文本框可以插入，一种是可见的；另一种是隐藏的。在"表单"面板中单击"文本字段"按钮，可以在表单中插入文本框，如图 14.6 所示。

图 14.5　插入表单

图 14-6　插入文本框

（3）插入按钮。在"表单"面板中单击"按钮"按钮，可以在表单中插入按钮，如图 14.7 所示。

（4）插入其他表单项。"表单"面板中还包含单选按钮、复选框、复选框组等多种表单项可以插入，如图 14.8 所示。

图 14.7　插入按钮

图 14.8　插入其他表单项

完成后可在 HTML 中看到类似图 14.9 所示的效果。

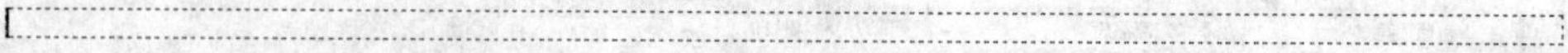

图 14.9　插入表单后的效果

为了设计表单排版格式，可以按下列方法操作。

（1）创建 5 行 2 列表格，边框宽度为 1。

（2）将第 3、第 4、第 5 行分别合并单元格为整行一个单元格。

（3）填写文字内容。

（4）在学号、姓名所在行第 2 列分别增加文本框。

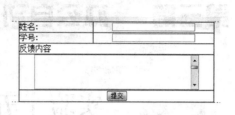

（5）在反馈内容下方行插入文本区域。

（6）在最后一行插入一个按钮。

（7）反馈表格完成后的效果如图 14.10 所示。

图 14.10　反馈表格完成效果

# 三、实验内容

1. 多媒体。

（1）从实验资源中将 banner.swf 复制到站点中的 SWF 文件夹。如果没有这个文件夹就建立它。

（2）将 index.html 中的顶部图像替换为一个 Flash 动画。删除原有图像，然后插入 SWF 文件夹中的名为 banner.swf 的 Flash 文件。

（3）设置该动画始终循环播放。

2. 表单。

（1）新增一个名为 feedback.html 的文件，然后在 index.html 页面的最下方添加一个名为"反馈"的链接，该链接设置为在新窗口中打开。

（2）使用前一次实验的方法设置 feedback.html 页面的背景和标题图像，如图 14.11 所示。

（3）参照实验指导建立如图 14.11 所示的提交表单，完成外观设计。

（4）在最下方增加一个名为"返回首页"的超链接，单击后可返回 index.html 页面。

（5）最终调整大小版式等，达到如图 14.11 所示的效果。

图 14.11　反馈页面最终效果图

# 第三篇 办公自动化软件基础及应用

## 实验十五
## Word 基本操作(一)

## 一、实验目的

1. 熟悉 Word 2010 的启动方式,熟悉 Word 2010 的工作界面。
2. 掌握 Word 2010 字符格式的设置及段落格式的设置。
3. 掌握查找和替换功能的应用。
4. 掌握 Word 2010 中分栏操作。
5. 掌握 Word 2010 中边框和底纹及项目符号的设置。
6. 掌握 Word 2010 中页眉、页脚及页码的设置。
7. 掌握 Word 2010 中表格的设置。
8. 掌握 Word 2010 中艺术字、图片、文本框及对象格式的设置方法。

## 二、实验指导

打开素材文档"wsy5-zd(素材).docx",按下列要求进行操作,并将结果以 wsy5-zd.docx 保存在自己的文件夹中。最终效果如图 15.1 所示。

**1. 操作要求**

打开"wsy5-zd(素材).docx"文档,按下列要求完成该文档的操作。

(1) 添加标题:添加一行标题"科学养生",并复制第二段文字作为本文的第四段。

(2) 设置标题及文本:将标题设置为黑体、二号字、加粗;正文第一段、第三段设为华文楷体、五号字,第二段设为宋体、小四号字。

(3) 设置字形:正文第一段加着重号;正文第二段的"吃什么、怎样吃、何时吃"用红色双下划线加深,并用格式刷将这种格式复制到本段段尾"危害健康"处。

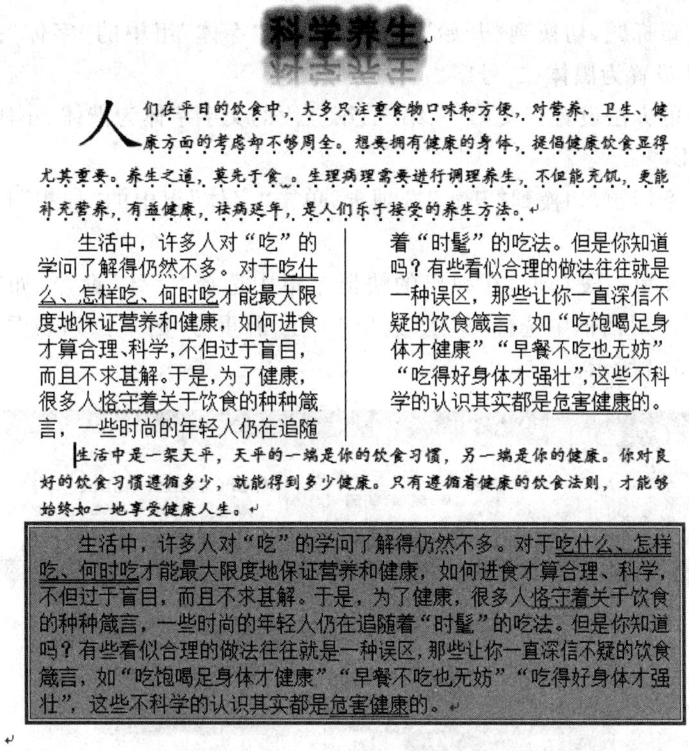

人们在平日的饮食中，大多只注重食物口味和方便，对营养、卫生、健康方面的考虑却不够周全。想要拥有健康的身体，提倡健康饮食显得尤其重要。养生之道，莫先于食。生理病理需要进行调理养生，不但能充饥，更能补充营养，有益健康，祛病延年，是人们乐于接受的养生方法。

生活中，许多人对"吃"的学问了解得仍然不多。对于吃什么、怎样吃、何时吃才能最大限度地保证营养和健康，如何进食才算合理、科学，不但过于盲目，而且不求甚解。于是，为了健康，很多人恪守着关于饮食的种种箴言，一些时尚的年轻人仍在追随着"时髦"的吃法。但是你知道吗？有些看似合理的做法往往就是一种误区，那些让你一直深信不疑的饮食箴言，如"吃饱喝足身体才健康""早餐不吃也无妨""吃得好身体才强壮"，这些不科学的认识其实都是危害健康的。

生活中是一架天平，天平的一端是你的饮食习惯，另一端是你的健康。你对良好的饮食习惯遵循多少，就能得到多少健康。只有遵循着健康的饮食法则，才能够始终如一地享受健康人生。

生活中，许多人对"吃"的学问了解得仍然不多。对于吃什么、怎样吃、何时吃才能最大限度地保证营养和健康，如何进食才算合理、科学，不但过于盲目，而且不求甚解。于是，为了健康，很多人恪守着关于饮食的种种箴言，一些时尚的年轻人仍在追随着"时髦"的吃法。但是你知道吗？有些看似合理的做法往往就是一种误区，那些让你一直深信不疑的饮食箴言，如"吃饱喝足身体才健康""早餐不吃也无妨""吃得好身体才强壮"，这些不科学的认识其实都是危害健康的。

图 15.1　wsy5-zd.docx 最终效果图

（4）设置特效及对齐方式：标题居中；任意设置一种文本填充预设渐变颜色；设置阴影预设为"外部向上偏移"，发光与柔化边缘预设为"紫色、18 磅发光、强调文字颜色 4"，映像预设为"全映像，8 磅偏移量"。

（5）设置段落格式和行间距：全文左缩进 2 个字符，右缩进 1 个字符。首行缩进 2 个字符，全文单倍行距，两端对齐。

（6）设置边框和底纹：复制第二段内容至文档的最后，并删除先前复制的段落，然后将新复制的这段内容添加双线边框（上粗下细），线条宽度为 2.25 磅，线条颜色为"深蓝，文字 2，淡色 40％"，应用范围为"段落"，并为该段添加"蓝色，强调文字颜色 1，淡色 60％"的底纹。

（7）设置分栏：将第二段分成两栏，要求宽度为 19 个字符，中间有分栏线。

（8）设置首字下沉：对第一段文字进行首字下沉 2 行的设置。

**2．操作步骤**

1）添加标题

（1）将光标置于文章开头，按 Enter 键使文章下移一行。将光标置于第一行并输入"科学养生"文字作为文章的标题。

（2）选中第二段内容，单击"复制"按钮，按 Ctrl＋End 组合键将插入点光标移到文档的末尾，并单击"粘贴"按钮，将第二段文字内容粘贴到文章的最后。

2）设置标题及文本

（1）选中文章标题，切换到"开始"选项卡，单击"字体"组中的"字体"按钮，打开"字体"对话框，将其设置为黑体、二号字。

（2）用同样的方法设置正文第一、第二、第三段的文字字体为楷体、小四号。

3）设置字形

（1）选中文章标题，切换到"开始"选项卡，单击"字体"组中的"加粗"按钮，完成对标题加粗设置。

（2）选中正文第一段右击，在弹出的快捷菜单中选择"字体"命令，如图 15.2 所示。再在弹出的"字体"对话框中选择"字体"选项卡，在"着重号"的下拉列表框中选择着重号"."选项，如图 15.3 所示。

图 15.2　选择"字体"命令

（3）选中正文第二段的"吃什么、怎样吃、何时吃"文字，单击"字体"组中的下划线按钮，这时所选文字的下方会出现单线条的下划线，如果想要变换线条与颜色则需要单击"下划线"按钮旁边的下三角按钮，在弹出的下拉列表中选择"双线型"及"深红色"选项进行设置，如图 15.4 所示。

（4）选中设置好的文字，切换到"开始"选项卡，单击"剪贴板"组中的"格式刷"按钮，再在本段的"危害健康"文字上进行拖动操作以完成对文字的格式刷操作。

**提示**：将鼠标指针移到文本选定区：单击可选择一行、双击可选择一段、三击可选择全文。

图 15.3　"字体"选项卡

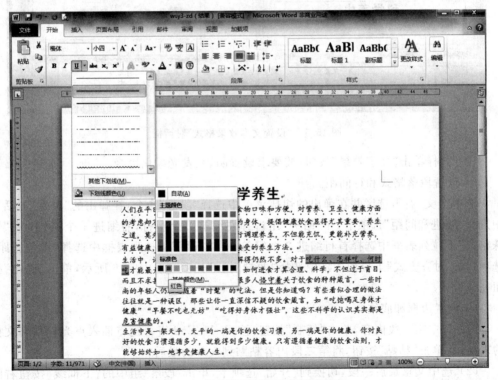

图 15.4　设置"下划线"的线型及颜色

4）设置特效及对齐方式

（1）选中标题，切换到"开始"选项卡，单击"段落"组中"居中"按钮即可激活标题居中操作。

（2）选中标题，切换到"开始"选项卡，单击"字体"组中"字体"按钮，弹出"字体"对话框，单击"文字效果"按钮，在"设置文本效果格式"对话框中设置选中文本的字体效果，如图15.5所示。

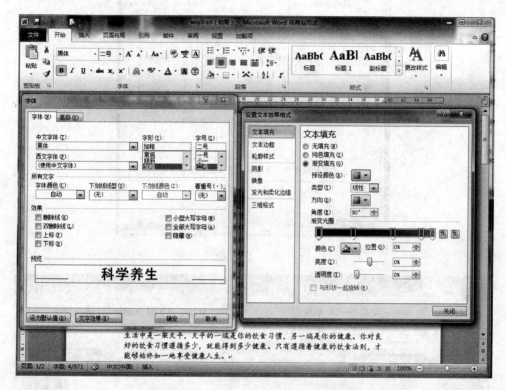

图15.5　"设置文本效果格式"对话框

（3）同样单击"文字效果"按钮，按要求设置阴影、发光柔化边缘。

5）设置段落格式和行间距

选中全文，右击选区并在弹出的快捷菜单中选择"段落"命令，在弹出的"段落"对话框中选择"缩进和间距"选项卡，在"缩进"组选择左缩进2个字符，右缩进1个字符；在"特殊格式"下拉列表框中选择首行缩进2个字符；在"行距"下拉列表框中选择"单倍行距"选项；在"对齐方式"下拉列表框中选择"两端对齐"选项，如图15.6所示，单击"确定"按钮完成设置。

6）设置边框和底纹

（1）选中第二段内容，单击"复制"按钮，按Ctrl＋End组合键将插入点光标移到文档的末尾，并单击"粘贴"按钮，将第二段内容粘贴到文章的最后。

（2）选中文章最后一段，切换到"开始"选项卡，单击"段落"组中的"下框线"按钮右侧的下三角按钮，在打开的列表中选择"边框和底纹"命令，弹出"边框和底纹"对话框。选择"边框"选项卡，在"设置"组中选择"方框"选项，在"样式"组中选择上粗下细"双线型"选项，在"颜色"的下拉列表框中选择"深蓝，文字2，淡色40％"选项，在"宽度"下拉列表框中选择"2.25磅"选项，并且将此设置应用于"段落"，如图15.7所示。

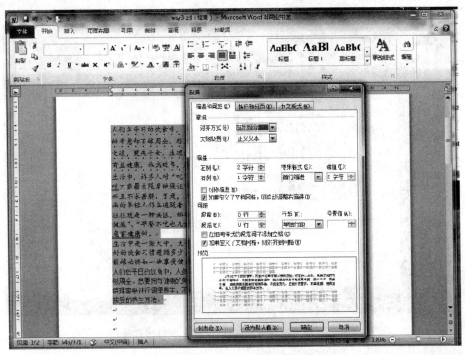

图 15.6 "段落"对话框

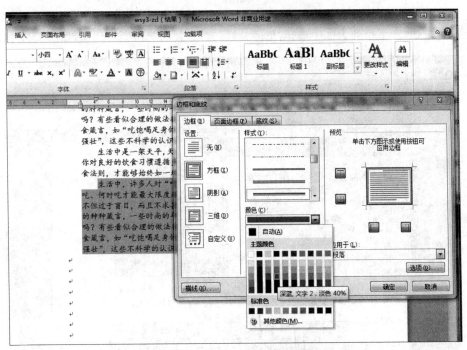

图 15.7 在"边框和底纹"对话框中设置边框

（3）步骤（2）操作将段落边框设置完毕之后，选择"底纹"选项卡，在"填充"下拉列表框中选择"蓝色，强调文字颜色1，淡色60%"选项，并且将此设置应用于"段落"，如图15.8所示，设置完毕后单击"确定"按钮，完成底纹的设置。

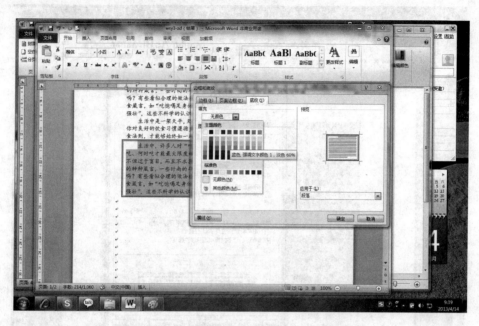

图 15.8　在"边框和底纹"对话框中设置底纹

7）设置分栏

（1）选中第二段内容，切换到"页面布局"选项卡，单击"页面设置"组中的"分栏"按钮旁的下三角按钮，在下拉列表框中选择"更多分栏"选项，弹出"分栏"对话框，如图 15.9 所示。

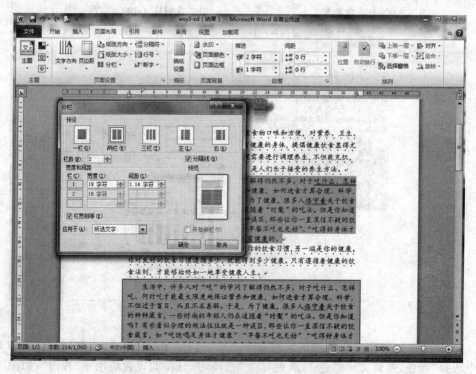

图 15.9　在"分栏"对话框中设置分栏

(2) 在"预设"组中选择"两栏"选项,"栏数"组中选择"2"选项;在"宽度和间距"组中,选择"宽度"为 19 字符,并选中右侧"分隔线"的复选框,添加分隔线。单击"确定"按钮,完成分栏操作。

8) 设置首字下沉

将插入点光标放到第一段中,切换到"插入"选项卡,单击"文本"组中的"首字下沉"按钮,在下拉列表中选择"首字下沉选项"选项,弹出"首字下沉"对话框,如图 15.10 所示,这里设置下沉行数为 2 行,单击"确定"按钮,完成设置。

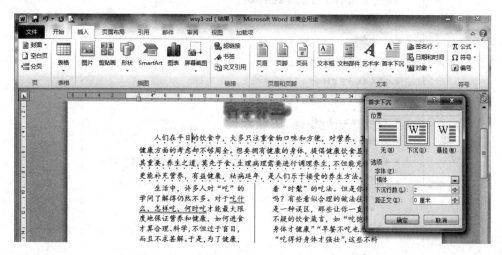

图 15.10　在"首字下沉"对话框中设置首字下沉

# 三、实验内容

1. 打开素材文档"wsy5-1(素材)",按下列要求操作,结果以 wsy5-1.docx 为名保存在自己的文件夹中。最终效果如图 15.11 所示。

(1) 文档字体设置:将标题"乒乓球比赛失分介绍"设为楷体、四号、加粗,其余文本设置为楷体、小四。

(2) 段落设置:将标题"乒乓球比赛失分介绍"对齐方式设置为居中,段后 1 行,行距1.5 倍。正文文本段落的段前、段后各 0.5 行,1.5 倍行距。首行缩进 2 字符。设置首字正文下沉,下沉行数为 2 行。

(3) 项目符号设置:为最后三段文字添加项目符号,项目符号为●。

(4) 插入剪贴画:在第五段"连击;"的末尾插入剪贴画"乒乓球、排球、运动";设置剪贴画的大小为高 1cm,锁定纵横比;设置剪贴画的排列方式为"四周型环绕"。

(5) 插入自选图形:在文本的最后插入自选图形"基本形状笑脸",位置设置为水平位置绝对值 1.78cm、右侧栏,垂直绝对值 0.46cm、下侧段落;大小设置为高度绝对值2cm,宽度绝对值为 2cm,不锁定纵横比;其他选项为默认值。

(6) 插入艺术字,并删除原标题:在标题前面插入艺术字,样式为"艺术字样式 4",填充效果为"预设""漫漫黄沙";内容为"乒乓球比赛失分介绍",字体为宋体,字号为四号;

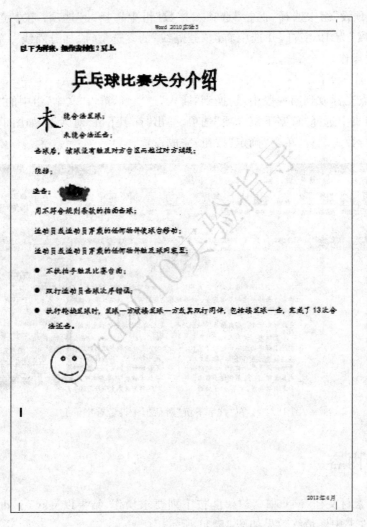

图 15.11　wsy5-1.docx 最终效果图

高度为 1.37cm，宽度为 8.21cm；水平绝对位置为 2.88cm、右侧栏，垂直绝对位置为 0.02cm、下侧段落。

（7）插入水印：为文档插入自定义水印，水印文字内容为"Word 2010 实验指导"，其他采用默认设置。

（8）插入页眉和页脚：插入页眉，文字内容为"Word 2010 实验5"，字体为宋体，字号为小五号；插入页脚，在页脚内插入日期，格式为"2013 年 4 月"。注意打开自动更新功能，对齐方式为文本右对齐。

（9）保存文档。

2．打开素材文档"wsy5-2（素材）.docx"，按下列要求操作，结果以 wsy5-2.docx 为文件名保存在自己的文件夹中。最终效果如图 15.12 所示。

参照图 15.12 完成如下操作。

（1）标题设置：打开素材文档"wsy5-2（素材）.docx"，将文章标题的字体设置为隶

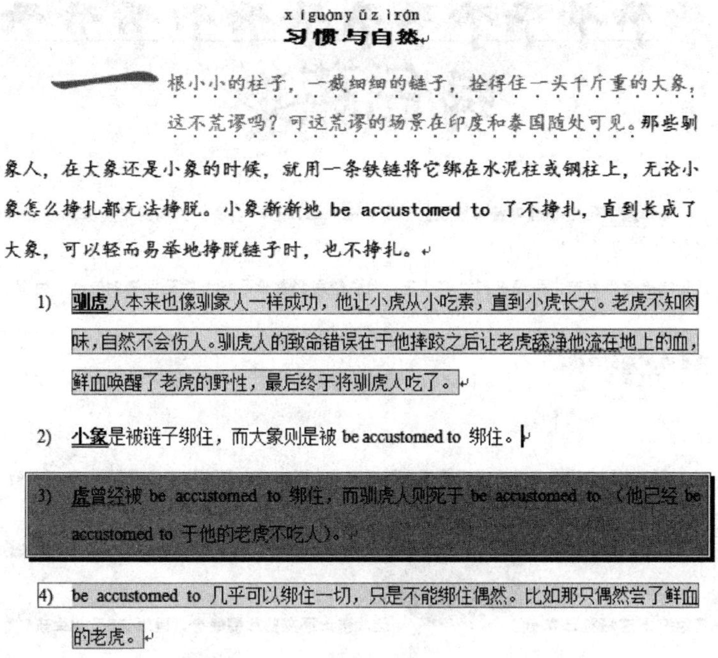

习惯与自然

一根小小的柱子，一截细细的链子，拴得住一头千斤重的大象，这不荒谬吗？可这荒谬的场景在印度和泰国随处可见。那些驯象人，在大象还是小象的时候，就用一条铁链将它绑在水泥柱或钢柱上，无论小象怎么挣扎都无法挣脱。小象渐渐地 be accustomed to 了不挣扎，直到长成了大象，可以轻而易举地挣脱链子时，也不挣扎。

1) 驯虎人本来也像驯象人一样成功，他让小虎从小吃素，直到小虎长大。老虎不知肉味，自然不会伤人。驯虎人的致命错误在于他摔跤之后让老虎舔净他流在地上的血，鲜血唤醒了老虎的野性，最后终于将驯虎人吃了。

2) 小象是被链子绑住，而大象则是被 be accustomed to 绑住。

3) 虎曾经被 be accustomed to 绑住，而驯虎人则死于 be accustomed to （他已经 be accustomed to 于他的老虎不吃人）。

4) be accustomed to 几乎可以绑住一切，只是不能绑住偶然。比如那只偶然尝了鲜血的老虎。

图 15.12　wsy5-2.docx 最终效果图

书、三号、加粗、居中并加注拼音，拼音字号为 10 磅。

（2）段落设置：将段落设置为"首行缩进 2 字符"，段前、段后各 0.5 行，1.5 倍行距。

（3）字体设置：第一段文字字体设置为楷体、小四号；第一句下加着重号，字体颜色设为绿色，并设置首字下沉，下沉 2 行。

（4）添加编号：对除第一段外各段文字添加编号，格式为"1)…2)…3)"。

（5）特殊设置：对第二段中"驯虎"的字体设置为加粗、添加下划线，并使用格式刷设置于"小象""虎"文字中，使之与"驯虎"字体格式一致。

（6）文字特效设置：为第二段添加"三维""单线""绿色"边框，底纹颜色设置为"橙色，强调文字颜色 6，淡色 80％"，应用于文字；为第四段添加"阴影""双线""红色"边框；底纹颜色设置为"紫色，强调文字颜色 4，淡色 40％"，应用于段落。使用格式刷将最后一段底纹边框设置为与第二段一致。

（7）日期设置：在文章末尾插入当前日期和时间，并能够自动更新，设置为右对齐。

（8）查找与替换：将正文中所有的"习惯"替换成字体为 batang，颜色为红色，加粗的 be accustomed to。

（9）保存文档，效果与样张相近相似。

3. 打开素材文档"wsy5-3（素材）.docx"，按下列要求操作，结果以 wsy5-3.docx 为文件名保存在自己的文件夹中。最终效果如图 15.13 所示。

（1）页面设置：打开素材文档 wsy5-3.docx，设置页面上边距为 2cm，下边距为 2cm，左、右边距均为 2cm，纸张大小为 B5，纵向并且应用于整片文档。

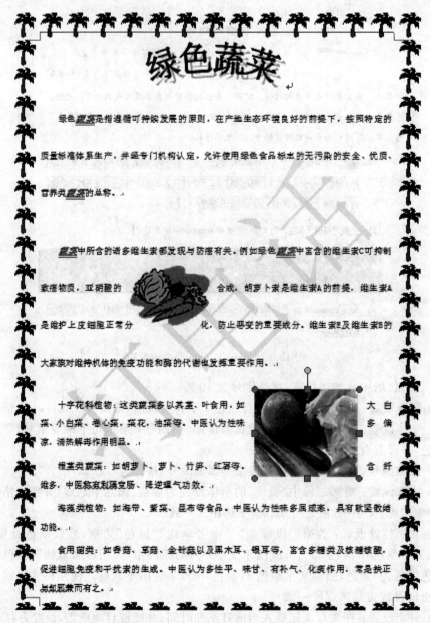

图 15.13　wsy5-3.docx 最终效果图

（2）文档字体及段落格式设置。

① 将标题设置为小一号、加粗。

② 第一段、第二段段落设置为首行缩进 2 字符，3 倍行距，段前 2 行、段后 0.5 行。

（3）查找与替换。

除标题外，查找全文中"蔬菜"两字并设置为红色、加粗、倾斜、"深蓝色，文字 2，淡色 40％"以及双下划线。

（4）插入艺术字：选中标题，将其插入艺术字，样式为"艺术字样式 3"，并添加阴影效果为"投影""阴影样式 4"。页面边框设置为应用于"整片文档""方框",样式为"直线",宽度为 0.5 磅,添加如图 15.13 所示的艺术型图案。

(5) 水印设置:设置自定义水印,水印文字中的语言为"中文""打电话",字体为宋体、字号为"自动"、版式为"斜式"。

(6) 图形、图片设置:按"样张"位置插入剪贴画,"绿色蔬菜";设置剪贴画的大小为高 2.41cm,宽度 3.2cm;设置剪贴画的排列方式为"紧密型环绕"。按"样张"位置插入图形文件"蔬菜.jpeg",其文件已在素材文档中。设置其高度为 2.5cm,宽度为 3.3cm,应用"四周型环绕"方式并调整其位置,完成图形的设置。

4. 打开素材文档"wsy5-4(素材).docx",按下列要求操作,结果以 wsy5-4.docx 为文件名保存在自己的文件夹中。最终效果如图 15.14 所示。

“听雨”——润物细无声

作者:崔舸鸣

雨夜总是无眠,便听了一场夏雨自小至大的成长过程。

初时淅淅沥沥,若有若无,只是当微凉的风裹着土腥味儿涌进窗时,才嗅到雨的气息。渐渐地密了,浓了,落在屋檐上,树叶上,便有了滴滴答答的响声;大多数的仍无声地投入大地干涸的怀抱。此时的雨声带了些许诗情。无论哪一滴雨,都无法选择自己将落到何处。这是雨之少年。而人之"少年听雨歌楼上,红烛昏罗帐",是否也是不谙世事不识愁味的洒脱无拘呢?

不知何时,雨声慢慢显出倦意,渐稀渐少,雨滴的间隙中似乎透着思不急不缓,仿佛历尽沧桑的老人,回迷惘,有失意,有辉煌,如今都不得什么,说明什么,只闲看花开花落云点点滴到天明"。
它累了,乏了,厌了,索。雨声从容容,首人生,有欢乐,有已淡然,不再去解释舒云卷,"一任阶前点滴到天明"。

一夜听雨,天人合一,物我两忘,不觉夜已阑珊,雨声渐无。或许,外面已是雨过天晴星光灿烂了吧?雨夜总是无眠,便听了一场夏雨自小至大的成长过程。雨夜总是无眠,便听了一场夏雨自小至大的成长过程。雨夜总是无眠,便听了一场夏雨自小至大的成长过程。雨夜总是无眠,便听了一场夏雨自小至大的成长过程。

| 星期\节 | | 星期一 | 星期二 | 星期三 | 星期四 | 星期五 |
|---|---|---|---|---|---|---|
| 上午 | 1-2 | 英语 | 计算机 | 物理 | 马哲 | 电工 |
| | 3-4 | 计算机 | 马哲 | 英语 | 计算机 | 高数 |
| 下午 | 5-6 | 高数 | 电工 | 高数 | 物理 | 英语 |
| | 7-8 | 物理 | 体育 | 实验 | 体育 | 体育 |

图 15.14 wsy5-4.docx 最终效果图

打开素材"wsy5-4(素材).docx"文档,按下列要求完成该文档的操作。

(1) 标题设置:将标题设置为宋体、小三号字,字间距"加宽""2 磅"。

(2) 正文及段落设置:除标题外,正文设为宋体、5 号字。首行缩进 2 字符。第一段作者姓名右对齐。其余段落默认。

(3) 文字的三维效果设置:插入文本框,将标题复制到文本框中,单击文本框工具的"格式"选项卡下的"三维效果"按钮,套用"透视三维样式 5"文字样式。

(4) 图片设置:按照样张插入图像文件"崂山风光 1.jpg",将图片大小设置为高度

3.35cm,宽度5.02cm。切换到"页面布局"选项卡,单击"排列"组中的"位置"按钮,在下拉列表中选择"中间居中,四周型文字环绕"选项。

(5)表格设置:按照图15.14,插入"6行7列""自动"列宽的表格并绘制具有斜线的表头。其中表格外框为单线1.5磅、黑色,内框有两条3磅、黑色的框线,底纹为"白色,背景1,深色15%"并且添加表格内容。

# 实验十六
# Word 基本操作（二）

## 一、实验目的

1. 掌握 Word 2010 中图文混排的方法。
2. 掌握 Word 2010 中其他各种高级排版操作。
3. 掌握 Word 2010 中页面的设置。
4. 综合使用 Word 2010 各项基本功能。

## 二、实验指导

打开素材文档"wsy6-zd（素材）.docx"文件，按下列要求进行操作，最终效果如图 16.1 所示。

图 16.1　wsy6-zd.docx 最终效果图

（1）页面设置：切换到"页面布局"选项卡，单击"页面设置"组中的"页面设置"按钮，弹出"页面设置"对话框，在"纸张"选项卡中设置纸张为 A4 纸，且在"页边距"选项卡中设置纸张方向为纵向，上、下边距为 2.5cm，左、右边距为 2cm，如图 16.2 所示。

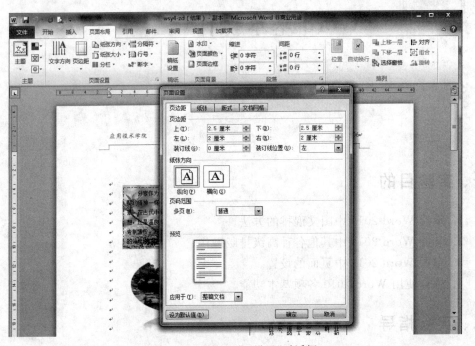

图 16.2　设置"页面设置"对话框

（2）页眉设置：切换到"插入"选项卡，单击"页眉和页脚"组中的"页眉"按钮，在下拉列表中选择"内置"组中"空白（三栏）"选项，如图 16.3 所示，在页眉文本框中输入页眉文字"应用技术、校园小报以及日期"，并设置文字字体为华文新魏、小五号字。

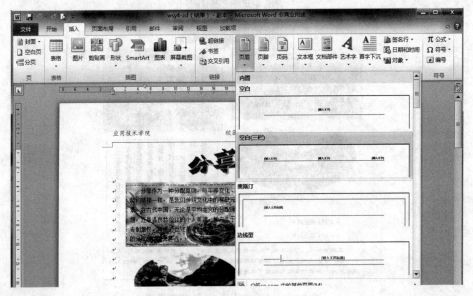

图 16.3　插入"页眉"并设置页眉

（3）标题设置。

① 将标题设置成"艺术字"。切换到"插入"选项卡，单击"文本"组中的"艺术字"按钮，在下拉列表中选择"内置"组中"填充-红色，强调文字颜色2，粗糙棱台"选项，如图16.4所示。在添加艺术字后，切换到"绘图工具-格式"选项卡，单击"排列"选项组中的"自动换行"按钮，在展开的下拉列表中选择"上下型环绕"选项。

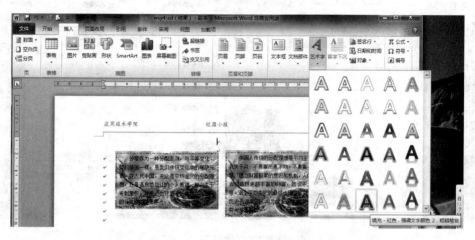

图16.4　插入艺术字

② 单击"艺术字样式"选项组中的"文字效果"按钮，在下拉列表中选择"转换"选项，在级联列表中选择"双波形2"命令，如图16.5所示。

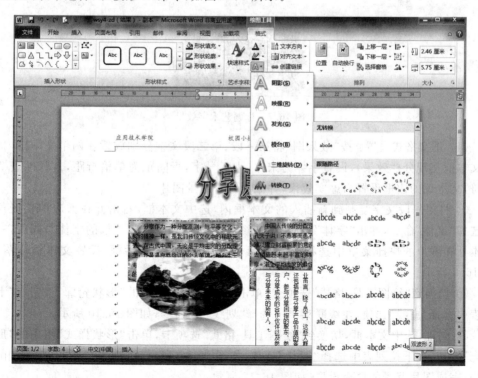

图16.5　设置"文字效果"选项

③ 再次单击"文本效果"按钮,在弹出的下拉列表中选择"发光"选项,在级联列表中
选择"红色,11pt 发光,强调文字颜色 2"命令,如图 16.6 所示。

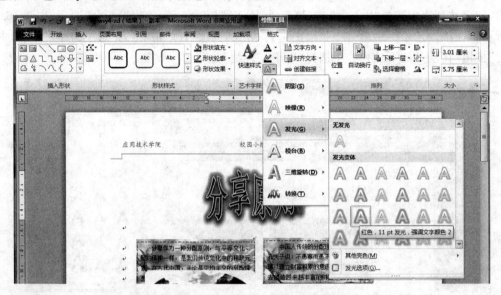

图 16.6　设置"文字效果"的"发光"选项

④ 经过上述操作,即可完成文档中标题艺术字的设置,如图 16.7 所示。

图 16.7　标题艺术字效果

(4) 正文格式设置:按"效果图"将第一段、第二段文本分别放置在两个文本框内(利
用文本框实现分栏效果),设置字体为宋体、小五号字,行间距为单倍行距,首行缩进 2 个
字符,文本框的边框设置为虚实效果,并添加一个背景图片。

① 将第一段文字复制到新插入的文本框内,选中文本框,右击并在弹出的快捷菜单
中选择"字体"命令,弹出"字体"对话框,如图 16.8 所示,设置文本框的字体。同理,右击
文本框在弹出的快捷菜单中选择"段落"命令,弹出"段落"对话框,设置文本框段落,如
图 16.9 所示。

② 切换到"绘图工具-格式"选项卡,单击"形状样式"组中的"形状轮廓"按钮,在下拉
列表中选择"虚线"选项,在级联菜单中选择"划线-点"命令,如图 16.10 所示。

③ 同理,选中文本框,切换到"绘图工具-格式"选项卡,单击"形状样式"组中的"形状
填充"按钮,在下拉列表中选择"图片"选项,如图 16.11 所示,添加素材图片"毛峰.jpeg"
文档,完成图片背景的填充设置,如图 16.12 所示。

图 16.8 "文本框"字体的设置

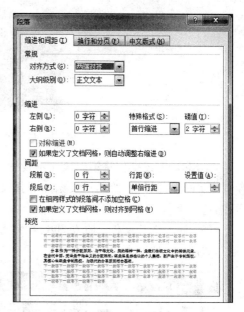

图 16.9 "文本框"段落的设置

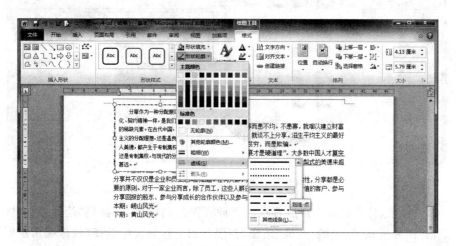

图 16.10 "文本框"边框的设置

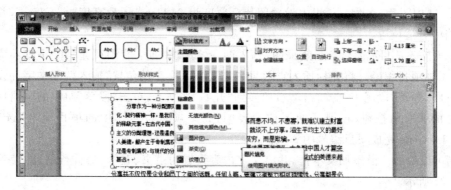

图 16.11 设置"形状填充"按钮下的图片背景

图 16.12　填充"文本框"的背景图

④ 重复上述操作将第二段文本设置成带有图片背景的文本框。

⑤ 同上述操作,给第三段添加竖排文本框,并将文字内容设置为宋体、小五号字,首行缩进 2 字符。

(5) 插入图片文件:插入图片文件"崂山风光 2.jpeg",图片样式设置为"映像圆角矩形",如图 16.13 所示。

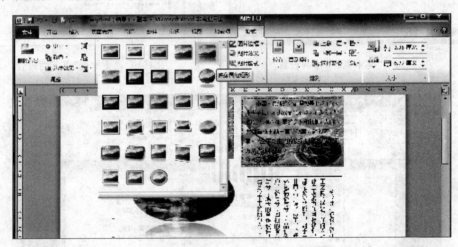

图 16.13　图片外观"样式"的设置

① 参照样张,将光标插入点放置在需要插入图片的位置,切换到"绘图工具-格式"选项卡,单击"图片样式"组中的"其他"按钮,在展开的下拉列表中选择"映像圆角矩形"样式选项,如图 16.13 所示,完成图像外观样式的设置。

② 选中图片,在"大小"组中设置图片为宽度为 6.22cm,图片高度为 3.35cm,并放置到文档中合适位置。

(6) 插入项目编号:参照效果图,输入两段文字"本期:崂山风光"和"下期:黄山风光"并添加项目编号。将光标插入点放置在需要插入文字的位置,输入两段文字并设置为单倍行距、段首、段尾为 0.5 行,然后切换到"开始"选项卡,单击"段落"组中的"项目编号"按钮旁的下三角按钮,在展开的下拉列表中选择"项目符号库中的项目编号"选项,如图 16.14 所示,完成项目编号的添加。

(7) 给最后一段添加文本框,并将文字内容设置为隶书、五号字、首行缩进 2 字符,如图 16.15 所示。

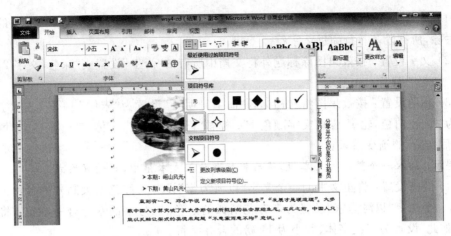

图 16.14　"项目编号"的添加

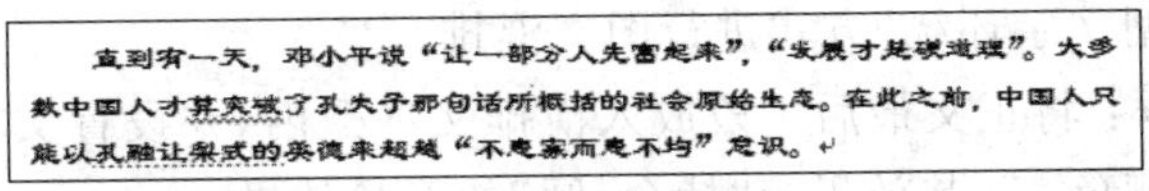

直到有一天，邓小平说"让一部分人先富起来"，"发展才是硬道理"。大多数中国人才算突破了孔夫子那句话所桎梏的社会原始生态。在此之前，中国人只能以其融让梨式的美德来超越"不患寡而患不均"意识。

图 16.15　插入"文本框"样张

## 三、实验内容

1. 打开素材文档"wsy6-1(素材).docx"，按下列要求操作，结果以 wsy6-1.docx 为文件名保存在自己的文件夹中。最终效果如图 16.16 所示。

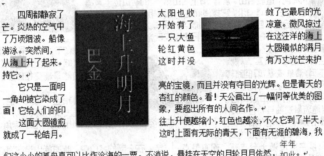

图 16.16　wsy6-1.docx 最终效果图

（1）页面及段落设置：将文档的页面边距上、下、左、右均设置为 3cm，将文档的所有空格去除，所有段落首行缩进 2 字符。

（2）文字设置：按效果图除标题外将文档中所有的"海上"设置成"深蓝，文字 2，淡色40％""加粗""黄色突出显示"。

（3）标题设置：按效果图将文档标题"海上升明月"设置为"宋体"、一号、艺术字快捷样式为"填充-白色，轮廓-强调文字颜色 1"；标题"巴金"设置为宋体、二号字，文本填充具有"雨后初晴"的渐变效果。

**提示**：插入一个竖排的文本框，然后将标题放入文本框中，再设置格式。

（4）特殊设置：将正文中的一个文字"以海为家"设置为红色增大圈号的各种带圈字符；另一个文字"以海为家"设置为带有花括弧的红色、二号字的双行合一字符；将文字"年年如此"设置为红色字体、大小为 11 磅的合并字符。

（5）插入图片：按效果图插入图片"海上升明月.jpeg"，大小为原始图片的 25％，并以"中间居中，四周型文字环绕"方式进行图文混排。

（6）插入文本框：将正文最后一段放入横排文本框内，并设置文本框外观形状为"强烈效果，蓝色，强调颜色 1"，其效果为"棱台，圆"的形状效果。

2. 打开素材文档"wsy6-2（素材）"，按下列要求操作，结果以 wsy6-2.docx 为文件名保存在自己的文件夹中。最终效果如图 16.17 所示。

图 16.17　wsy6-2.docx 最终效果图

（1）页面设置：将文档的页面边距上、下、左、右均设置 2.5cm，纸张为 A4 型。去除文档中的所有空格。

（2）标题设置：按效果图将文档标题设为艺术字体，艺术字快速样式为 6 行 5 列的"填充-蓝色，强调文字颜色 1，金属棱台，映像"样式；字体设置为隶书、"深蓝色，文字 2，淡色 40％"、36 磅，位置以"中间居中，四周型文字环绕"放置。

（3）文字设置：按效果图将第一段设置成"白色，背景 1，深色 35％"的底纹。

（4）段落设置：将所有段落首行缩进 2 字符。将文字"十二景"以黄色突出显示。第二段首字下沉 3 行，填充色为浅蓝色。将最后两段分栏，左栏 20 字符，间距默认，加分隔线。

（5）按效果图在正文中插入素材图片"崂山风景 1.jpeg"和"崂山风景 2.jpeg"，图片大小为原始图片的 25％，并以"中间居中，四周型文字环绕"方式进行图文混排。

（6）按效果图在文末插入自选图形"燕尾型箭头"，形状填充为黄色，并添加文字，字体为幼圆、二号字、红色、粗体。

3. 打开素材文档"wsy6-3（素材）"，按下列要求操作，结果以 wsy6-3.docx 为文件名保存在自己的文件夹中。最终效果如图 16.18 所示。

图 16.18 wsy6-3.docx 最终效果图

（1）页面设置：将文档的页面设置为宽为 19.6cm，高为 29.7cm，上边距为 5.54cm、下边距为 10.54cm、左边距为 6.35cm、右边距为 6.4cm。去除文档中的所有空格。

（2）标题设置：按效果图将文档标题字体设置为隶书、三号字；加边框，宽度为 1.5 磅、颜色设置成"白色，背景 1，深色 25％"；边框底纹图案样式为 50％。

（3）正文文字设置：按最终效果图插入绘制一条图形类型的直线，并设置线条为黑色 3 磅宽。

（4）段落设置：按效果图第一段设置首字下沉 2 行，字体为仿宋，距正文 0.1 厘米；将所有段落分为两栏，栏宽相等。

（5）插入图片：按样张在正文中插入素材图片"香山红叶.jpeg"和剪贴画"铁塔"。图片大小自行设定调整到合适位置，并以"紧密型文字环绕"方式进行图文混排；剪贴画图片设置成以"衬于文字下方"环绕方式置于文档中。

**提示**：先插入剪贴画，再做"清除格式"操作。

# 实验十七
# Excel 基本操作(一)

## 一、实验目的

1. 掌握 Excel 2010 的启动和退出,以及工作簿文件的管理操作。
2. 掌握 Excel 2010 工作表的编辑(单元格的选定、复制、移动、自定义填充)。
3. 掌握 Excel 2010 工作表的格式化操作(单元格和表格的格式化、单元格引用、公式和函数的使用、公式复制)。
4. 掌握 Excel 2010 中图表的创建与图表对象的编辑。

## 二、实验指导

打开配套提供的实验素材文件 fl7. xlsx,完成以下操作后保存为"范例 7. xlsx"。

(1) 在每张工作表中增加一列"个人总分",并计算结果,保留 2 位小数;在每张工作表中增加一行"全班平均分",并计算显示,保留 1 位小数。

① 选中"第一学年"工作表,选中 F1 单元格,输入"个人总分",选中 F2 单元格,单击"开始"选项卡下"编辑"组中的"自动求和"按钮,如图 17.1 所示,在随后的公式中选中 C2:E2,然后按 Enter 键。

② 选中 F2,鼠标移至 F2 单元格的右下角,出现填充柄标记,往下拖曳至 F11。

③ 选中 F2:F11 区域,单击"开始"选项卡下"数字"组中的"增加小数位数"按钮两次。

④ 选中"第一学年"工作表,选中 A12 单元格,输入"全班平均分",选中 C12 单元格,单击"开始"选项卡下"编辑"组中的"自动求和"按钮旁的下三角按钮,选择"平均值"选项,在随后的公式中选中 C2:C11,然后按 Enter 键。

⑤ 选中 C12,鼠标移至 C12 单元格的右下角,出现填充柄标记,往下拖曳至 E12。

⑥ 选中 C12:E12 区域,单击"开始"选项卡下"数字"组中的"增加小数位数"按钮一次(看具体情况,若要减少小数位数,则单击"减少小数位数"按钮)。

⑦ 选中 F1:G11 区域,单击"开始"选项卡下"剪贴板"组中的"复制"按钮,然后依次选中"第二学年"工作表、"第三学年"工作表、"第四学年"工作表,选中 F1 单元格,单击

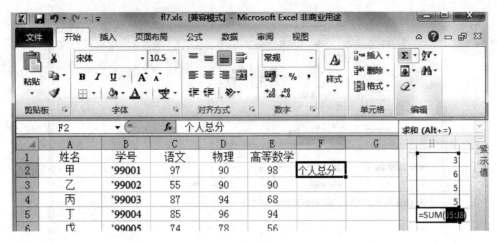

图 17.1　自动求和功能

"开始"选项卡下"剪贴板"组中的"粘贴"按钮,完成复制。

(2) 将表中文字设置为 14 磅黑体,数字为 12 磅、Time New Roman,每张工作表中原始数据为红色斜体,表中所有内容居中。

① 选中"第一学年"工作表,按住 Shift 键,同时选中"第二学年"工作表、"第三学年"工作表、"第四学年"工作表,注意到此时标题栏显示为工作组,下面的操作对工作组中所有工作表有效。

② 选中表格中的文字部分,利用"开始"选项卡下"字体"组中的相关按钮,设置字体、字号,然后选中表格中数字部分设置字体、字号(注意,若有部分列显示不全,可双击两列中间增加列宽)。

③ 选中表格的 C2:E11 区域,设置为红色字体,斜体。

④ 选中整张表格,单击"开始"选项卡下"对齐方式"组中的"居中"按钮。

⑤ 单击 sheet6 工作表取消对工作组的选中。

(3) 为每张工作表添加蓝色的双边框线。

① 参考上题,同时选中 4 张工作表,选中整张表格,单击"开始"选项卡下"字体"组中"边框"按钮旁的下三角按钮,在下拉列表中选择"其他边框"选项,在随后出现的"设置单元格格式"对话框中选中"边框"选项卡。

② 依次选择边框、颜色、样式、边框线,如图 17.2 所示。

③ 取消对工作组的选中。

(4) 创建第五张工作表,命名为"总结与对比",除姓名外包括 1~4 学年的总成绩、平均总成绩、各学年总成绩占平均总成绩的百分比,共 10 列。

① 选中 sheet6 工作表,右击并在弹出的快捷菜单中选择"插入"命令,然后在"插入"对话框中单击工作表图标,可以看到下面工作表名区域新建的工作表,将之更名为"总结与对比"。

② 在总结与对比工作表的第 1 行的 A 到 J 单元格依次输入"姓名""第一学年总成绩""第二学年总成绩""第三学年总成绩""第四学年总成绩""平均总成绩""第一学年占百

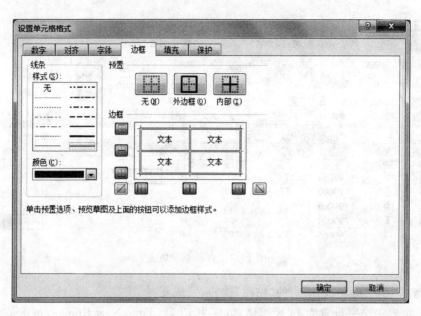

图 17.2　边框设置

分比""第二学年占百分比""第三学年占百分比""第四学年占百分比"。

　　③ 选中第一学年工作表,选择所有学生的姓名区域 A2:A11,单击"复制"按钮,再选中总结与对比工作表,单击"粘贴"按钮,将学生姓名复制到新表。

　　④ 选中第一学年工作表,选择所有学生的个人总分区域 F2:F11,单击复制按钮,再选中总结与对比工作表的 B2 单元格,单击"开始"选项卡下"剪贴板"组中"粘贴"按钮下面的下三角按钮,在下拉列表中选择"选择性粘贴"选项,在打开的对话框"粘贴"组中选中"数值"单选按钮,如图 17.3 所示,然后单击"确定"按钮。

图 17.3　选择性粘贴设置

　　⑤ 参照上一步骤,将第二学年到第四学年的总成绩复制到总结与对比工作表的 C2:E11 区域中。

⑥ 选中总结与对比工作表,计算 F2:F11 的平均总成绩,在单元格 G2 中输入
=B2/＄F2,确定后将该公式填充复制到 G3:G11,再将公式填充复制到 H2:J11 中。

⑦ 选中 G2:J11,将格式设置百分比形式,保留 2 位小数,如图 17.4 所示。

| 第一学年<br>占百分比 | 第二学年<br>占百分比 | 第三学年<br>占百分比 | 第四学年<br>占百分比 |
| --- | --- | --- | --- |
| 98.53% | 100.95% | 99.57% | 100.95% |
| 101.18% | 98.60% | 101.61% | 98.60% |

图 17.4　设置百分比形式

(5) 在第五张工作表上再增加 3 行:第一行是全班各学年总成绩的平均分,第二行是
四年的总平均分,该行的数据只占一个单元格,第三行为各学期的总平均分占四年总平均
分的百分比,该行数据为 4 个单元格。

① 选中总结与对比工作表,在 A12:A14 单元格中分别输入"全班学年平均分""四年
总平均分""各学年占百分比"。

② 计算 B12:E12 的平均分。再选中 F13,根据公式＝AVERAGE(B12:E12)计算四
年的总平均分。

③ 在 B14 单元格中输入公式＝B12/＄F＄13,确定后将公式填充复制到 C14:E14 中。

④ 选中 B14:E14,将格式设置百分比形式,保留 2 位小数。

(6) 用复制的方法将第五张工作表的格式与前四张工作表的格式一致。

① 选中第一张工作表 A1 单元格,单击"格式刷"按钮,再选中总结与对比工作表,将
该格式复制到表中所有的中文文字单元格,选择 B2:J2,单击"开始"选项卡下"对齐方式"
右下角的箭头,在弹出对话框的"对齐"选项卡中,选中"自动换行"复选框,水平、垂直方向
居中对齐,将该设置同样方法应用到 A12:A14,如图 17.5 所示。

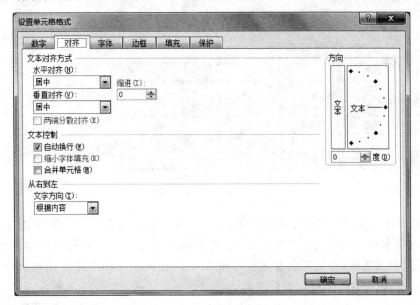

图 17.5　对齐方式

② 适当调整各行、各列的宽度,使之最多用两行显示,如图17.6所示。

| B | C | D | E |
|---|---|---|---|
| 第一学年总成绩 | 第二学年总成绩 | 第三学年总成绩 | 第四学年总成绩 |

图17.6　分行显示

③ 选中第一张工作表C2单元格,单击"格式刷"按钮,再选中总结与对比工作表,将该格式复制到表中的B2:E11区域,选择其余数字区域,设置为12磅、Times New Roman。

④ 选中整张表,设置边框为蓝色双线。

⑤ 选中整张表,设置单元格文本对齐方式为水平居中、垂直居中,如图17.5所示。

(7) 利用第五张工作表制作两张独立图表:图表1用条形图显示每个学生各学年的总成绩及平均总成绩;图表2以折线图显示所有学生的成绩百分比。

① 选中A1:F11区域,单击"插入"选项卡下"图表"组中的"条形图"按钮,在下拉列表中选择"二维簇状条形图"选项,如图17.7所示。

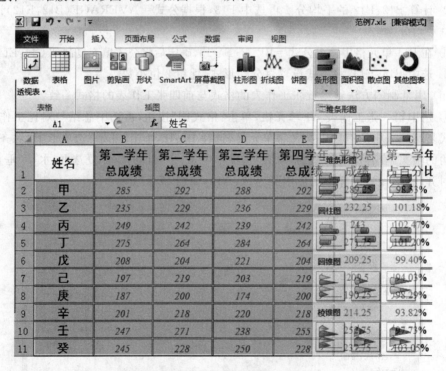

图17.7　插入图表

② 此时在工作表中创建了一张图表,将鼠标指针移至图表中单击选中图表,单击"图表工具"选项卡中"设计"选项卡"位置"组中的"移动图表"按钮,在打开的对话框中选中"新工作表"单选按钮,在右边的文本框中输入文字"图表1",如图17.8所示。

③ 单击"确定"按钮,可以看到工作表前增加一张新表,如图17.9所示。

④ 同时选中总结与对比工作表A1:A11和G1:J11区域,单击"插入"选项卡下"图

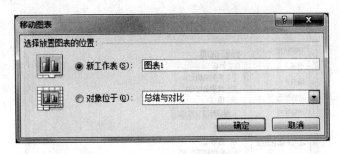

图 17.8　移动图表

图 17.9　新增的图表 1

表"组中的"折线图"按钮,在下拉列表中选择"折线图"选项。

　　⑤ 选中图表,单击"图表工具"选项卡中"设计"选项卡下"位置"组中的"移动图表"按钮,在打开的对话框中选中"新工作表"单选按钮,在右边的文本框中输入文字"图表 2",然后单击"确定"按钮。

　　(8)改变条形图为柱形图,删除平均总成绩序列,添加标题"图表 1";将图表标题字体设置为 12 磅黑体、图例为 10 磅宋体;对图表 1 中添加"第二学年总成绩"系列数据值标签,并在总成绩最高分处添加文字说明"最高分"。

　　① 选中图表 1,单击"图表工具"选项卡中"设计"选项卡下"类型"组中的"更改图表类型"按钮,在打开的对话框中选择簇状柱形图(或者鼠标指针指向图表区空白处,右击并在快捷菜单中选择"更改图表类型"命令,然后修改类型为簇状柱形图)。

　　② 选中图表区的平均总成绩系列,右击并在快捷菜单中选择"删除系列"命令。

　　③ 单击"图表工具"选项卡中"布局"选项卡下"标签"组中的"图表标题"按钮,在下拉列表中选择"图表上方"选项,将标题内容修改为"图表 1"。

　　④ 选中图表标题框,设置字体为 12 磅黑体;选中图例框,设置字体为 10 磅宋体。

　　⑤ 选中图表区的第二学年总成绩系列,单击"图表工具"选项卡中"布局"选项卡下"标签"组中的"数据标签"按钮,在下拉列表中选择"数据标签外"选项,或右击,并在快捷菜单中选择"设置数据标签格式"命令,在弹出的对话框中选择"标签选项"选项卡,选中"值"复选框,如图 17.10 所示。

　　⑥ 单击"图表工具"选项卡中"布局"选项卡下"插入"组中的"形状"按钮,在下拉列表中选择带箭头的线条,并在图表中的相应位置画图形,同样方法绘制横向文本框,在图表中的相应位置画图形,并添加文字"最高分",如图 17.11 所示。

　　(9)为图表 2"第二学年占百分比"序列添加线性趋势线;为图表 2 添加横向双色浅灰色底纹、蓝色带阴影的边框。

图 17.10　设置数据标签

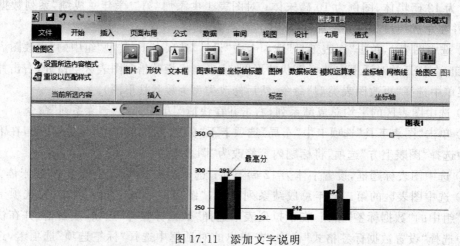

图 17.11　添加文字说明

① 选中图表 2,选中"第二学年占百分比"序列(玫红色折线),单击"图表工具"选项卡"布局"选项卡下"分析"组中的"趋势线"按钮,在下拉列表中选择"线性趋势线"选项,如图 17.12 所示。

② 光标指向绘图区,右击并在快捷菜单中选择"设置绘图区域格式"命令。弹出"设置图表区格式"对话框,选择"填充"选项卡,选中"渐变填充"单选按钮,同时设置渐变的类型、方向、颜色等,如图 17.13 所示。

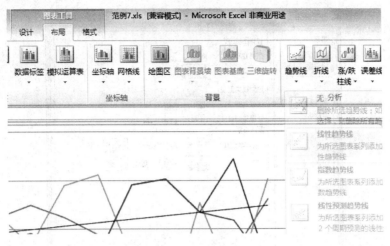

图 17.12　添加趋势线

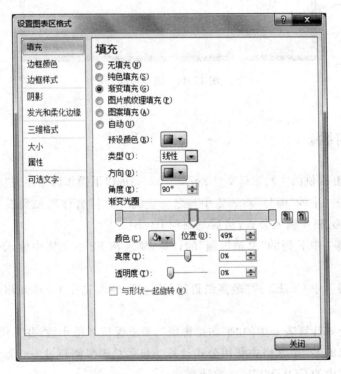

图 17.13　渐变底纹

③ 在"设置图表区格式"对话框中,选择"边框颜色"选项卡,设置颜色为蓝色,再选择"边框样式"选项卡,将宽度设置为 6 磅,复合类型选择单线,按图 17.14 所示设置,最后单击"关闭"按钮。

④ 将编辑后的电子表格保存为"范例 7.xlsx"。

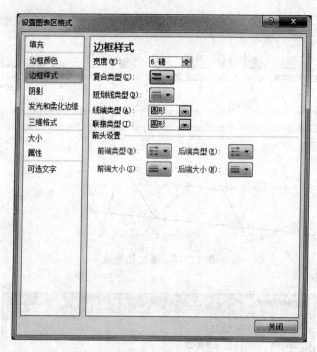

图 17.14　图表边框

## 三、实验内容

1. 打开配套提供的实验素材文件 sy7-1.xlsx,完成以下操作后保存为"实验 7-1.xlsx"。

(1) 根据表一中的"编号"将表二中与之对应的"部门"名称添加到表一的 B 列,要求在表一的 B2 单元格中输入公式,然后复制到 B3:B4。

(2) 完成表一中 F 列的"总销售额"的计算,要求在 F2 单元格中输入公式,然后复制到 F3:F4。

(3) 完成表一中 C5:E5 的"最高销售额"的计算,要求先在 E5 单元格中输入公式,然后复制到 C5:D5。

(4) 利用公式计算表一中的"平均销售额",要求保留 2 位小数,并采用千分位样式。

(5) 在表二的 B6 单元格中利用公式计算并显示总销售额超过 100 万元的部门数(提示:使用函数库中的 COUNTIF 函数计算)。

(6) 在表二的 D 列中计算并显示按提成比率标准得到的奖金值。

(7) 将表一设置为水平置中,上下页边距为 2.5cm,左右边距为 2.0cm,取消网格线。

(8) 将表二设置为横向打印,缩放比例 90%,设置居左页眉为"上海应用技术学院"。

2. 打开配套提供的实验素材文件 sy7-2.xlsx,完成以下操作后保存为"实验 7-2.xlsx"。

(1) 在 sheet1 工作表的第一行中输入自己的学号、姓名、班级、学院等。

(2) 在 sheet1 中的 A2 单元格输入标题"学生成绩表",标题格式设置为隶书、蓝色、

12磅、粗斜体,并在A2:I2区域合并居中。

(3) 求出每个学生的总分,并求出计算机和英语分数的平均值(保留1位小数)。

(4) 以班级为第一关键字段升序,以地区为第二关键字段降序对数据列表进行排序,平均值行不参加排序。

(5) 计算每个学生的奖学金,获取奖学金的条件为"计算机"课程的成绩大于等于85分,其奖学金为200元,其余为100元。

(6) 对fs区域中数据设置为加粗、倾斜、12磅字体,对数据列表A3:I7套用"表样式浅色10"格式。

(7) 在A46:K58区域按样张建立并编辑图表(注意:图表的格式应与图17.15所示样张基本相同)。

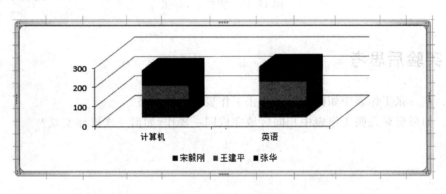

图17.15 实验7-2样张

3. 打开配套提供的实验素材文件sy7-3.xlsx,完成以下操作后保存为"实验7-3.xlsx"。

(1) 标题"职工工资统计汇总表"采用楷体、蓝色、16磅、粗体,并将其中的"汇总表"3个字改为红色11磅字,标题在A1:G1区域跨列居中,取消"罗庆"记录的隐藏。

(2) 在G列后插入"奖金/工资比"列,计算所有职工的奖金/基本工资比,并以百分比表示,保留1位小数。

(3) 计算所有职工的实发工资(基本工资+奖金×部门系数)(部门系数在I1单元格中)。

(4) 在I2单元格中计算名称为"工资"区域的平均值;对"基本工资""奖金""实发工资"3列数据采用¥♯,♯♯0.00、¥-♯,♯♯0.00格式。

(5) 计算sheet2工作表中公积金的平均值,并将计算结果放在sheet1工作表的B12单元格中,筛选出所有工龄小于或等于20年的记录,并保留平均值行。

(6) 按样张,在A14:H24区域中创建图表并按样张对图表进行编辑(注意,完成的图表应与图17.16所示样张完全相同)。

4. 设计一张本人的课程表。要求每学期为一张单独的工作表,表格的内容、格式由作者自己设定。完成后保存为"实验7-4.xlsx"。

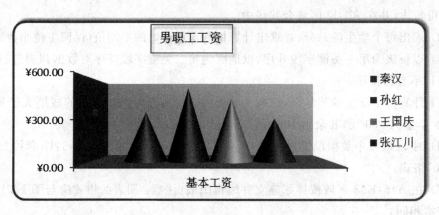

图 17.16　实验 7-3 样张

## 四、实验后思考

1. 在一张工作表中如何应用另一张工作表中的单元格?
2. 如果要对几张工作表中相同区域完成同一操作,如何一次操作实现?

# 实验十八
# Excel 基本操作(二)

## 一、实验目的

1. 掌握 Excel 2010 的数据管理(记录单的增加、删除、排序、筛选、分类汇总、数据透视表)。

2. 了解 Excel 2010 中的其他数据分析的方法。

3. 掌握 Excel 2010 的高级应用(数据的导入导出,函数的使用等)。

## 二、实验指导

打开配套提供的实验素材文件 fl8.xlsx,完成以下操作后保存为"范例 8.xlsx"。

(1) 在第一张工作表(即第一学年成绩)中增加一条记录:"姓名"为"甲甲",其他相应单元格内容取"姓名"为"乙"记录的内容,并删除"姓名"为"乙"的记录单。

① 选中 A11 输入"甲甲",同时选中 B3:E3 区域,单击"复制"按钮,再把光标选中 B11,单击"粘贴"按钮。

② 光标选中第 3 行(记录"乙"所在行),右击并在快捷菜单中选择"删除"命令。

(2) 对第一张工作表进行高级筛选,找出总成绩 240 分以上(含 240 分)或有 2 门课程在 90 分以上(含 90 分)的记录,结果从 A20 开始存放。

① 单击 F1 单元格输入"总分",在 F2:F11 单元格中利用公式计算每个人的总分。

② 在 H2:K2 中分别输入"总分""语文""物理""数学"(注意:在输入高级筛选条件时,必须与原始数据表格至少空一行或一列)。

③ 在条件区域中按照图 18.1 所示输入筛选条件(注意,横向上的条件表示同时满足,是"并且"的意思,纵向上的条件表示单个满足,也就是"或"的意思。本题给出了 4 个或者的条件。而"并"的条件同时只有两个,例如语文和物理等)。

④ 将光标置于表格的任一位置,单击"数据"选项卡下"排序和筛选"组中的"高级"按钮,打开图 18.2 所示的对话框。

⑤ 在"列表区域"文本框中选择原始数据所在的单元格区域(一般系统会自动识别)。单击"条件区域"右边的按钮,选择筛选条件所在的单元格区域,如图 18.3 所示。

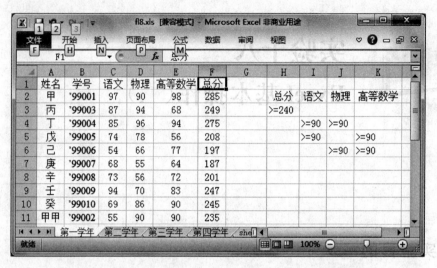

图 18.1　高级筛选条件

图 18.2　"高级筛选"对话框

图 18.3　设置高级筛选条件

⑥ 在"方式"组中选中"将筛选结果复制到其他位置"单选按钮,并在"复制到"右面的文本框中输入 A20,如图 18.3 所示。

⑦ 然后单击"确定"按钮,完成后的结果如图 18.4 所示。

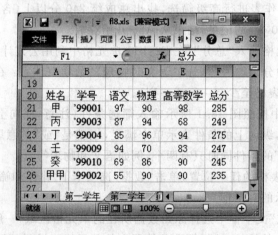

图 18.4　高级筛选结果

（3）对第二张工作表按照总成绩升序重新排列。

① 在 F1 中输入"总成绩"，在 F2 中输入公式＝C2＋D2＋E2，然后按 Enter 键，并将此公式复制到 F3：F11。

② 将光标置于表格中任意单元格，单击"数据"选项卡下"排序和筛选"组中的"排序"按钮，弹出"排序"对话框，主要关键字选择总成绩，在右边次序项目中选择升序，然后单击"确定"按钮，如图 18.5 所示。

图 18.5　"排序"对话框

（4）在第三张工作表中增加两列"性别""籍贯"，增加后的工作表如 fl8.xls 的 sheet6 中工作表。

① 光标选中第 C 列，右击并在弹出的快捷菜单中选择"插入"命令，再重复插入一次。

② 选中 sheet6 工作表，同时选中 C1：D11 区域，单击"复制"按钮，再选中第三张工作表的 C1，单击"粘贴"按钮。

（5）复制 sheet6 中数据表到新工作表中，新工作表命名为"分类汇总"，然后在该工作表中，以"性别"分类汇总出男、女各自的最高平均分。

① 单击工作表标签栏中的"插入工作表"按钮，修改工作表名为"分类汇总"，调整该表到适当的位置，如图 18.6 所示。

图 18.6　"插入工作表"按钮

② 选择 sheet6 表中数据，复制并选中新表中 A1 处粘贴。

③ 在"分类汇总"表中添加一列平均分并计算，数据保留 2 位小数。

④ 选中"分类汇总"工作表，将光标置于表格中任意单元格，单击"数据"选项卡下"排序和筛选"组中的"排序"按钮，弹出"排序"对话框，主要关键字选择性别，在右边次序项目中选择升序，单击"添加条件"按钮，选择次要关键字为籍贯，在右边次序项目中选择升序，然后单击"确定"按钮，如图 18.7 所示（注意，在分类汇总前必须按分类字段排序）。

图 18.7  排序条件

⑤ 将光标置于表格中任意单元格,单击"数据"选项卡下"分级显示"组中的"分类汇总"按钮,弹出"分类汇总"对话框,分类字段选择性别,汇总方式选择最大值,汇总项选定平均分,同时选中相应的复选项,如图 18.8 所示。

(6) 在上题基础上进一步在男、女中按"籍贯"汇总出最高平均分,如图 18.9 所示(样张文件在配套盘"范例 8 样张一.jpg")。

再次打开"分类汇总"对话框,分类字段选择籍贯,汇总方式选择最大值,汇总项选定平均分,去掉"替换当前分类汇总"复选项的选择,如图 18.10 所示。

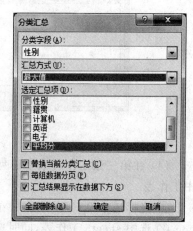

图 18.8  按性别分类

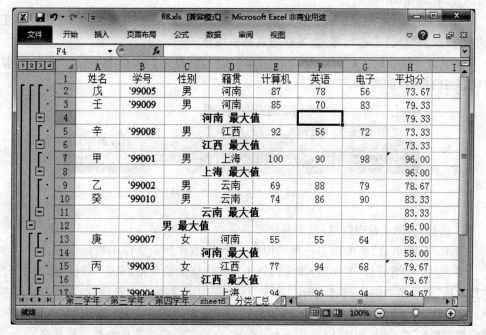

图 18.9  范例 8 样张一

（7）在 sheet6 中，以籍贯为页字段，性别为列字段，以计算机最大值和英语求和为数据项，新建一张数据透视表，并将创建的工作表命名为"数据透视表"，如图 18.11 所示（样张文件在配套盘"范例 8 样张二.jpg"）。

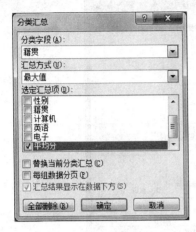

图 18.10　按籍贯汇总

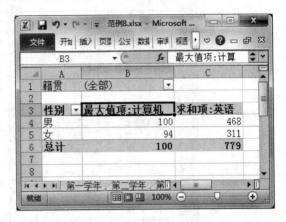

图 18.11　范例 8 样张二

① 将光标置于表格中任意单元格，单击"插入"选项卡下"表格"组中的"数据透视表"按钮，弹出"创建数据透视表"对话框，选择数据来源，选择放置表的位置为新工作表，如图 18.12 所示，然后单击"确定"按钮。

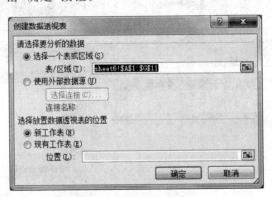

图 18.12　创建数据透视表步骤一

② 此时可以在新工作表中创建数据透视表，如图 18.13 所示。

③ 单击在数据透视表字段列表中，勾选"籍贯"字段，单击行标签中的"籍贯"右边的下三角按钮，在下拉列表中选择"移动到报表筛选"选项，此时籍贯字段移动到透视表上方处，如图 18.14 所示。

④ 选中"性别"字段复选框，此时系统自动将性别字段作为行标签，如图 18.14 所示。

⑤ 依次选中"计算机""英语"字段复选框，此时获得的效果如图 18.14 所示。

⑥ 双击透视表中的"求和项：计算机"字段，弹出图 18.15 所示的"值字段设置"对话框，在"计算类型"下拉列表中选择"最大值"选项，然后单击"确定"按钮。

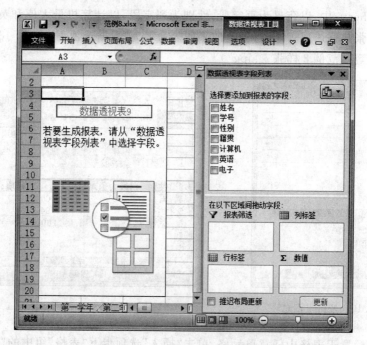

图 18.13　创建数据透视表步骤二

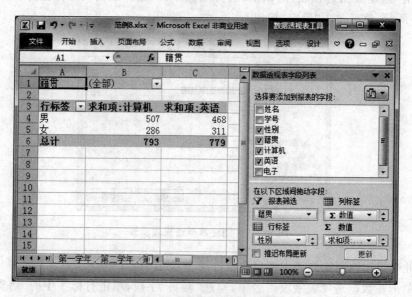

图 18.14　创建数据透视表步骤三

⑦ 单击透视表中任一单元格,单击"设计"选项卡下"布局"组中的"报表布局"按钮,在下拉列表中选择"以表格形式显示"选项,此时可看到"行标签"处显示为"性别"字段名。

⑧ 将 sheet1 工作表名更改为"数据透视表",操作后效果如图 18.16 所示。

⑨ 将编辑后的电子表格保存为"范例 8.xlsx"。

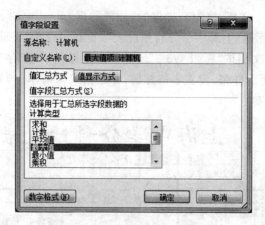

图 18.15　修改字段汇总方式

图 18.16　工作表更名

# 三、实验内容

1. 打开配套提供的实验素材文件 sy8-1.xlsx,完成以下操作后保存为"实验 8-1.xlsx"。

(1) 新建新的工作表,命名为"排序",再将 sheet1 表的 A3:G43 区域数据复制到新工作表,从 A3 单元格开始。

(2) 将 sheet3 表的数据分别按照地区的升序、班级的升序、性别升序进行排序。

(3) 筛选出 sheet2 工作表中"计算机实习"成绩从 80 分到 90 分的记录,并将筛选出的记录的成绩数据设置为绿色文本,斜体。

(4) 在 sheet3 表中,以"地区"汇总"计算机"的平均成绩,保留原结果,再以"班级"汇总统计班级人数。

(5) 对 sheet1 工作表的数据,创建数据透视表,从 K3 单元格开始,以"班级"作为列信息,以"性别"作为行信息,以"地区"作为分页信息,显示计算机成绩的平均分。效果如图 18.17 所示。

| 地区 | (全部) | | |
| --- | --- | --- | --- |
| 平均值项:计算机 | 性别 | | |
| 班级 | 男 | 女 | 总计 |
| 1班 | 83.60 | 82.10 | 82.60 |
| 2班 | 83.67 | 85.17 | 84.42 |
| 3班 | 80.44 | 78.50 | 79.85 |
| 总计 | 82.20 | 82.30 | 82.25 |

图 18.17　数据透视表效果

2. 新建一个 Excel 文档，将配套提供的"外部数据.xlsx"中的 sheet2 表导入本文档，在第 1 行中插入表格标题"上海中学分科情况表"，重新另存为"实验 8-2.xlsx"。

3. 将上题保存的文档按"样张 sy8-3"所示作以下操作后，保存为"实验 8-3.xlsx"。

(1) 按图 18.18 所示样张，设置表格标题，标题格式为楷体、30 磅、加粗、合并及居中，并加 15% 深色底纹图案。

| | 姓名 | 数学 | 物理 | 历史 | 政治 | 总分 | 平均分 | 分科意见 |
|---|---|---|---|---|---|---|---|---|
| | 孙权 | 82.00 | 86.00 | 83.00 | 96.00 | 347.00 | 86.75 | 理科生 |
| | 关羽 | 80.00 | 88.00 | 90.00 | 89.00 | 347.00 | 86.75 | 理科生 |
| | 赵云 | 87.00 | 88.00 | 85.00 | 84.00 | 344.00 | 86.00 | 理科生 |
| | 夏侯敦 | 82.00 | 81.00 | 78.00 | 67.00 | 308.00 | 77.00 | 理科生 |
| | | | | | | | 理科生 计数 | 4 |
| | 曹操 | 89.00 | 91.00 | 95.00 | 98.00 | 373.00 | 93.25 | 全能生 |
| | 刘备 | 93.00 | 88.00 | 97.00 | 95.00 | 373.00 | 93.25 | 全能生 |
| | 诸葛亮 | 90.00 | 88.00 | 100.00 | 100.00 | 378.00 | 94.50 | 全能生 |
| | | | | | | | 全能生 计数 | 3 |
| | 张飞 | 52.00 | 37.00 | 45.50 | 56.00 | 190.50 | 47.63 | 文科生 |
| | 黄忠 | 78.00 | 67.00 | 94.00 | 92.00 | 331.00 | 82.75 | 文科生 |
| | 马超 | 67.00 | 78.00 | 69.00 | 56.00 | 270.00 | 67.50 | 文科生 |
| | 吕布 | 34.00 | 35.00 | 45.00 | 12.00 | 126.00 | 31.50 | 文科生 |
| | 貂蝉 | 67.00 | 78.00 | 90.00 | 86.00 | 321.00 | 80.25 | 文科生 |
| | 许褚 | 45.00 | 43.00 | 56.00 | 48.00 | 192.00 | 48.00 | 文科生 |
| | 典韦 | 34.00 | 49.00 | 53.00 | 32.00 | 168.00 | 42.00 | 文科生 |
| | 张辽 | 78.00 | 81.00 | 90.00 | 81.00 | 330.00 | 82.50 | 文科生 |
| | 夏侯渊 | 67.00 | 73.00 | 56.00 | 61.00 | 257.00 | 64.25 | 文科生 |
| | 周泰 | 45.00 | 41.00 | 55.00 | 51.50 | 192.50 | 48.13 | 文科生 |
| | 徐盛 | 78.00 | 77.00 | 65.00 | 72.00 | 292.00 | 73.00 | 文科生 |
| | | | | | | | 文科生 计数 | 11 |

图 18.18　样张 sy8-3

(2) 计算总分和平均分(必须用公式对表格进行运算)。

(3) 统计分科意见(必须用公式对表格进行运算)，统计规则如下。

总分>360：全能生

数理总分≥160：理科生

其他情况：文科生

(4) 按分科意见进行分类汇总，统计出各类学生的人数。

(5) 格式化表格的边框线和数值显示。

4. 制作一张通讯录，包括编号、姓名、性别、联系电话、家庭地址、特殊联系人、特殊联系人电话。要求编号采用文本数据，且自动填充方式产生；通讯录中至少有 10 条记录，分两页显示，第 2 页表头自动重复。将该通讯录保存为"实验 8-4.xlsx"。

# 四、实验后思考

1. 在分类汇总对话框中的复选框"替换当前分类汇总"是什么含义？应该如何使用？

2. 数据透视表在显示时如何将数据分页显示？

# 实验十九
# PowerPoint 基本操作(一)

## 一、实验目的

1. 了解创建、保存和退出演示文稿的方法。
2. 掌握幻灯片的基本操作。
3. 掌握文本框的添加和编辑。
4. 掌握幻灯片主题的应用和设计方法。
5. 掌握幻灯片背景及填充颜色的方法。
6. 掌握幻灯片版式的应用。
7. 了解幻灯片的动作按钮的设置方法。
8. 掌握对象动画的添加和设置。
9. 掌握超链接的插入和编辑方法。

## 二、实验指导

新建演示文稿文档 pptsy9_zd.pptx,按下列要求进行操作,最终效果如图 19.1 所示。

### 1. 操作要求

(1) 以"我看祖国大好河山"为主题介绍印象深刻的某一景点。

(2) 利用 PowerPoint 2010 制作一个含有 6 张幻灯片的演示文稿。

(3) 第 1 张幻灯片:输入标题文字"祖国大好河山",黑体 60 磅;在副标题中输入"美丽的崂山",要求字体 32 磅,黑色,右对齐。

(4) 第 2 张幻灯片作为目录页及格式:加圆形项目符号与字同高,标题字体 48 磅、黑体、正文字体 32 磅、黑色、黑体,行距 1.25 行。

(5) 第 3 张幻灯片中插入一横排文本框和一竖排文本框,并输入与主题相应的文字。

(6) 最后 1 张幻灯片,45°倾斜自左下向右上文本框输入"谢谢欣赏!"。

(7) 为第 1 张幻灯片设置背景颜色,效果为渐变、预设、雨后初晴的效果。

(8) 在第 3 张幻灯片后复制两张与其相同的幻灯片。要求第 4、第 5 张幻灯片使用不

图 19.1   pptsy9_zd.pptx 最终效果图

同的幻灯片版式。

(9) 最后 1 张幻灯片将原来的文本框改为艺术字"谢谢欣赏!"。

(10) 为幻灯片(除第 1 张外)应用、修改主题颜色。

(11) 对所有幻灯片中的对象进行动画设置。

(12) 在第 4 张幻灯片上添加自选图形,并进行路径动画设置。

(13) 为第 2 张幻灯片的目录设置放映方式,单击一次出一次,播放后变换颜色,并超链接到合适的幻灯片。

(14) 将制作好的演示文稿以"祖国大好河山"为文件名保存到自己的文件夹中。

**2. 操作步骤**

1) PowerPoint 2010 基本操作

(1) 创建演示文稿。在"开始"菜单中选择"所有程序"→Microsoft Office→Microsoft PowerPoint 2010 命令,启动 PowerPoint 2010,如图 19.2 所示。

选中"幻灯片/大纲"窗格中的第 1 张幻灯片,然后按 3 次 Enter 键新建幻灯片,如图 19.3 所示,此时演示文稿中包含 4 张幻灯片。

图 19.2　启动 PowerPoint 2010

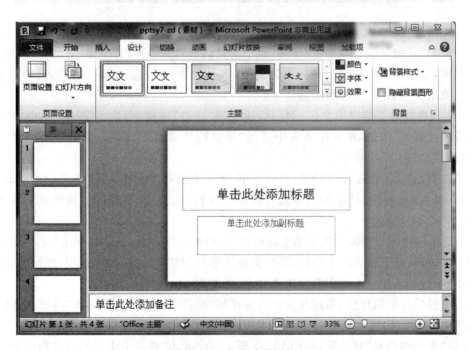

图 19.3　幻灯片的添加

（2）添加文本。选中第1张幻灯片，在"单击此处添加标题"文本框中输入"祖国大好河山"文字，如图19.4所示。在"单击此处添加副标题"文本框中输入"美丽的崂山"副标题文字。

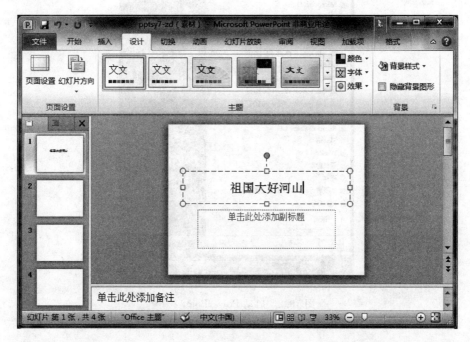

图19.4　添加标题文本

切换到"开始"选项卡，单击"字体"组中的对话框启动器弹出"字体"对话框，设置主标题为黑体，字号设置为60磅，副标题为宋体，字号设置为32磅，紫色，右对齐，如图19.5所示。效果预览如图19.6所示。

（3）段落设置。选中第2张幻灯片，切换到"开始"选项卡，单击"段落"组中的"项目符号或项目编号"按钮，在下拉列表中选择"项目符号和编号"选项，弹出"项目符号和编号"对话框，如图19.7所示。

单击"段落"组中的"行距"按钮，在下拉列表中选择"行距选项"选项，弹出"段落"对话框，在"缩进和间距"选项卡中进行行距的设置，如图19.8所示。其效果如图19.9所示。

（4）文本输入与编辑。选中第3张幻灯片，切换到"插入"选项卡，单击"文本"组中的"文本框"按钮，在下拉列表中分别选择"横排文本框"和"竖排文本框"选项，进行横排和垂直文本框的添加，在文本框中复制所需文字，如图19.10所示。

选中最后一张幻灯片，采用相同的方法添加"横排文本框"，然后输入"谢谢欣赏！"，设置成黑体、60磅、红色。之后右击该文本框，在弹出的快捷菜单中选择"大小和位置"命令，弹出"大小和位置"对话框，如图19.11所示，在"大小"选项卡中设置旋转角度为－45°即可。

图 19.5 "字体"对话框

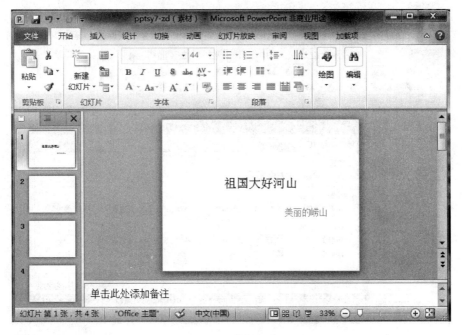

图 19.6 效果预览

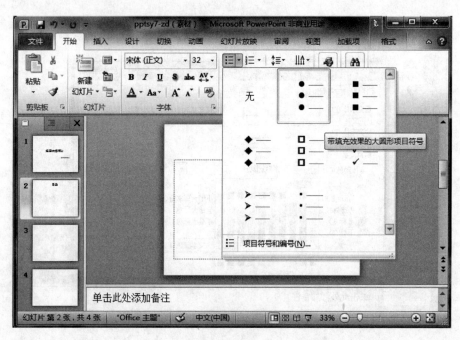

图 19.7　设置"项目符号和编号"

图 19.8　设置行距

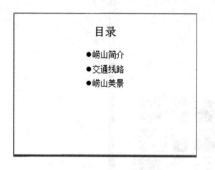

目录
●崂山简介
●交通线路
●崂山美景

图 19.9 目录页效果预览

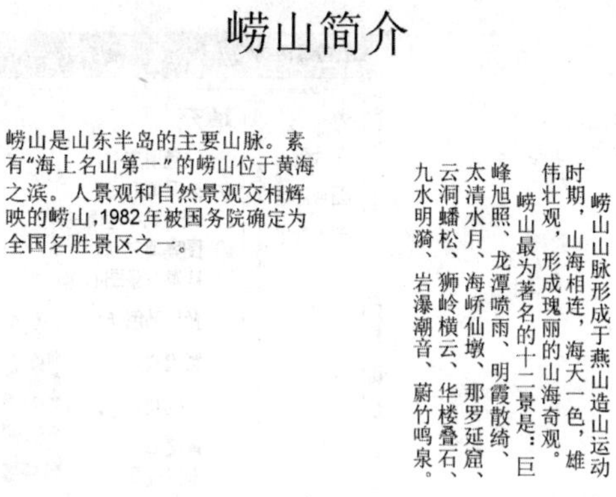

崂山简介
崂山是山东半岛的主要山脉。素有“海上名山第一”的崂山位于黄海之滨。人景观和自然景观交相辉映的崂山,1982年被国务院确定为全国名胜景区之一。
崂山山脉形成于燕山造山运动时期，山海相连，海天一色，雄伟壮观，形成瑰丽的山海奇观。
崂山最为著名的十二景是：巨峰旭照、龙潭喷雨、明霞散绮、太清水月、海峤仙墩、那罗延窟、云洞蟠松、狮岭横云、华楼叠石、九水明漪、岩瀑潮音、蔚竹鸣泉。

图 19.10 输入文字后的文本框

设置形状格式
填充
线条颜色
线型
阴影
映像
发光和柔化边缘
三维格式
三维旋转
图片更正
图片颜色
艺术效果
裁剪
大小
位置
文本框
可选文字
大小
尺寸和旋转
高度(E): 2.82 厘米 宽度(D): 13.2 厘米
旋转(T): -45°
缩放比例
高度(H): 100% 宽度(W): 100%
锁定纵横比(A)
相对于图片原始尺寸(R)
幻灯片最佳比例(B)
分辨率(O) 640 x 480
原始尺寸
高度: 宽度:
重设(S)
关闭

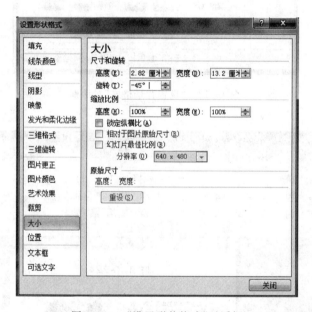

图 19.11 “设置形状格式”对话框

2) PowerPoint 2010 版面元素的添加

(1) 背景格式的设置。右击第 1 张幻灯片,在弹出的快捷菜单中选择“设置背景格式”命令,弹出“设置背景格式”对话框,选中“渐变填充”单选按钮,在“预设颜色”下拉列表中选择“雨后初晴”选项,如图 19.12 所示。

选中第 3 张幻灯片,切换到“插入”选项卡,单击“插图”组中的“图片”按钮,弹出“插入图片”对话框,分别插入“崂山风光 1.jpeg”和“崂山风光 2.jpeg”文件,插入后的效果如图 19.13 所示。

(2) 版式的设置。选择第 3 张幻灯片,按两次 Enter 键添加两张新的幻灯片。分别选中第 4、第 5 张幻灯片,切换到“开始”选项卡,单击“幻灯片”组中的“版式”按钮,在下拉列表中选择“标题和内容”版式选项,如图 19.14 所示。

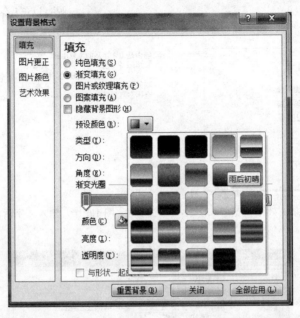

图 19.12  "设置背景格式"对话框

图 19.13  插入图片后的效果

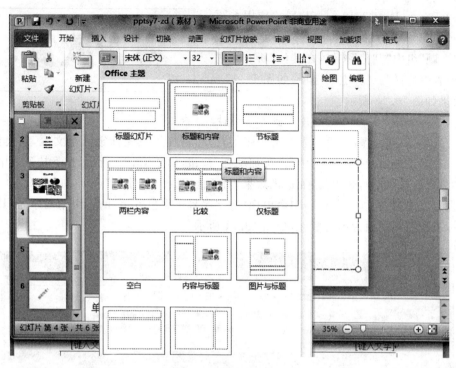

图 19.14 选择幻灯片版式

选中最后一张幻灯片,删除"谢谢欣赏!"文本框。切换到"插入"选项卡,单击"文本"组中的"艺术字"按钮,在下拉列表中选择"填充-红色,强调文字颜色 2,粗糙棱台"选项,如图 19.15 所示,输入文字"谢谢欣赏!",完成后的效果如图 19.16 所示。

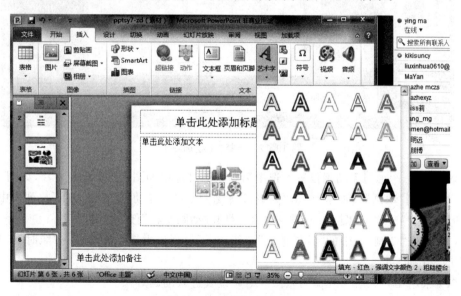

图 19.15 选择艺术字格式

3）PowerPoint 2010 幻灯片风格应用主题

选中第 2 张幻灯片，切换到"设计"选项卡，单击"主题"组中"其他"按钮，在其他"所有主题"下拉列表中选择"流畅"主题选项，如图 19.17 所示，效果如图 19.18 所示。

**谢谢欣赏！**

图 19.16　艺术字效果预览

4）PowerPoint 2010 幻灯片动画方案设计

（1）文本对象动画设置。选中第 1 张幻灯片，将插入点光标定位至文本，切换到"动画"选项卡，单击"高级动画"组中的"添加动画"按钮，如图 19.19 所示，在下拉列表中选择"更多进入效果"选项，弹出"添加进入效果"对话框，选择"百叶窗"选项，如图 19.20 所示。效果设置完成后，动画任务窗格中会出现"数字序号＋绿色五星"的一组动画序列，其中的鼠标标志说明其动画为单击事件，如图 19.21 所示。

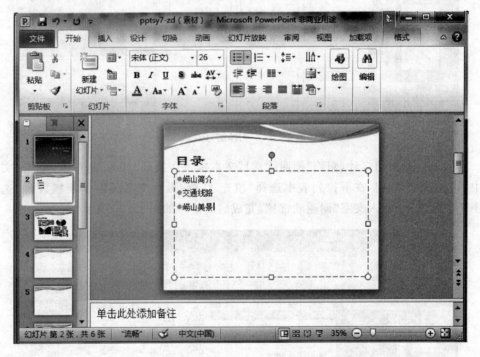

图 19.17　选择"主题选项卡"

（2）图片、图形对象动画设置。选中第 3 张幻灯片中的图片"崂山风光 1"，如图 19.22 所示。切换到"动画"选项卡，单击"高级动画"组中的"添加动画"按钮，在下拉列表中选择"强调-陀螺旋"选项，如图 19.23 所示，然后打开"动画窗格"任务窗格。

（3）单击"动画"组中的"效果选项"按钮，在下拉列表中选择"方向"→"顺时针"选项，如图 19.24 所示。

（4）采用相同方法为其他两张图片对象设置进入动画效果。

（5）在"动画窗格"中的"开始"下拉列表中为动画 1 选择"单击开始"选项，为动画 3 选择"从上一项之后开始"选项，如图 19.25 所示。

图 19.18　设置成"流畅"主题

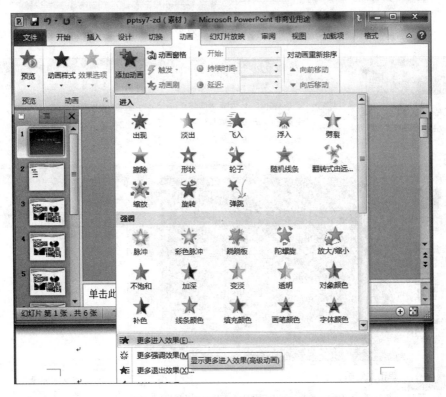

图 19.19　进入"更多进入效果"动画

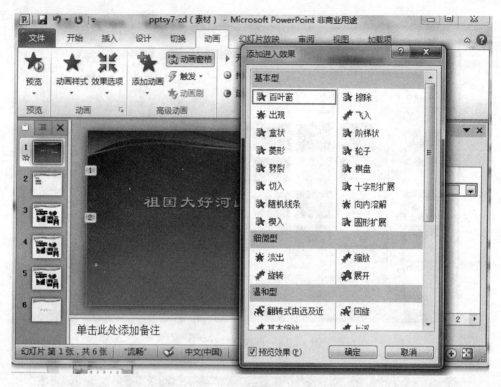

图 19.20 "添加进入效果"对话框

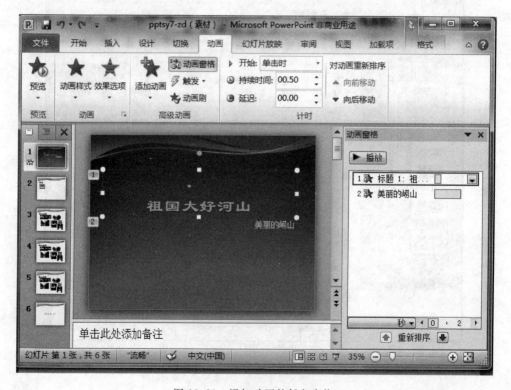

图 19.21 添加动画的任务窗格

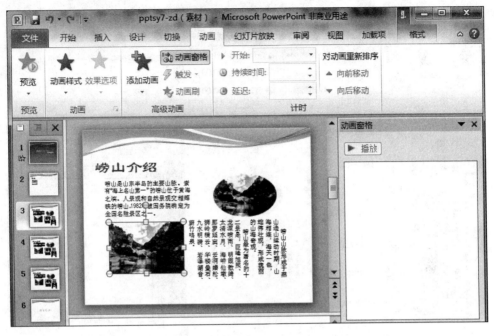

图 19.22　选中图片

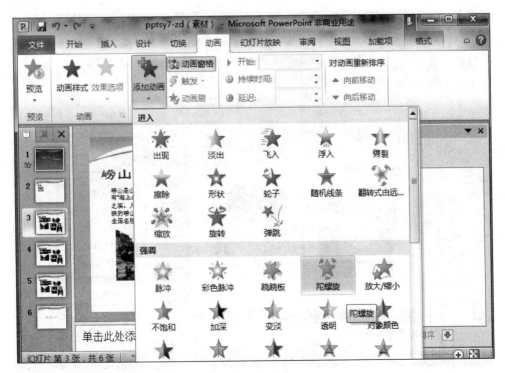

图 19.23　设置"强调-陀螺旋"动画

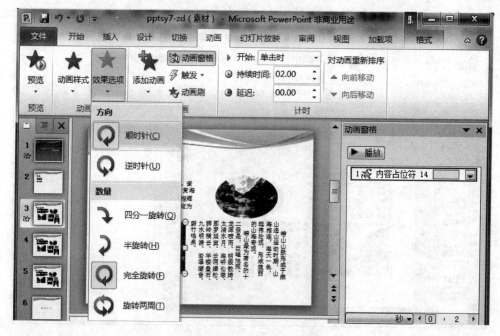

图 19.24　添加效果选项

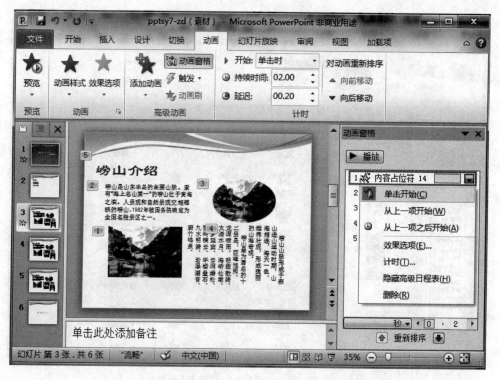

图 19.25　进入动画效果选项

5）PowerPoint 2010 超链接设置

（1）文本的超链接。选中第 2 张幻灯片，为"崂山简介"文本添加"盒状"进入动画效果。右击"动画窗格"中的动画1，在弹出的快捷菜单中选择"效果选项"命令，弹出"盒状"对话框，在"动画播放后"下拉列表中，选择"黄色"选项，如图 19.26 所示。采用相同方法为下面两个标题添加动画。

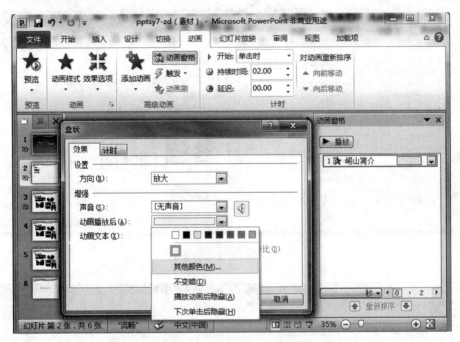

图 19.26　动画效果选项

选中需要添加超链接的文本，切换到"插入"选项卡，单击"链接"组中的"超链接"按钮，弹出"插入超链接"对话框，单击左侧"本文档中的位置"图标，选择链接到第 5 张幻灯片，单击"确定"按钮，如图 19.27 所示。

（2）图形按钮的超链接。选中第 4 张幻灯片，切换到"插入"选项卡，单击"插图"组中的"形状"按钮，如图 19.28 所示。

单击"基本形状"→"圆角矩形"按钮，在需要插入的位置拖曳插入按钮，再在"链接"组中单击"动作"按钮，弹出"动作设置"对话框，设置该按钮的超链接，如图 19.29 所示。

此时自动切换至"绘图工具-格式"选项卡，单击"形状样式"组中的"形状填充"按钮，在其下拉列表中选择黄色，如图 19.30 所示。

选中该按钮，当光标变为双箭头时可以调整按钮的大小，右击该按钮，在弹出的快捷菜单中选择"编辑文字"命令，如图 19.31 所示，即可在该按钮上添加文字，并对其字体、字号等设置，如图 19.32 所示。

6）PowerPoint 2010 文档的保存

将制作好的演示文稿以"祖国大好河山"为文件名保存在自己的文件夹中。

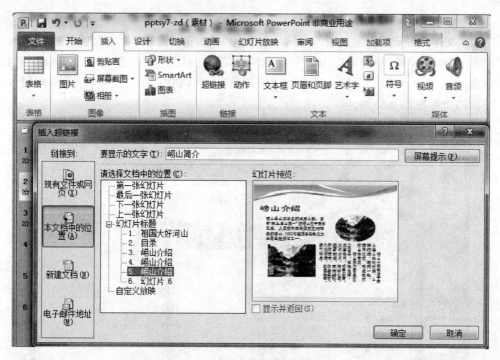

图 19.27　超链接的添加

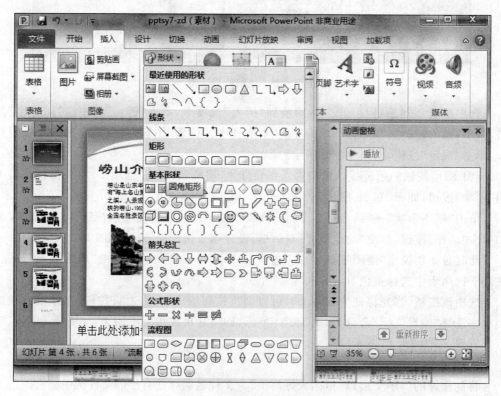

图 19.28　"形状"下拉列表框

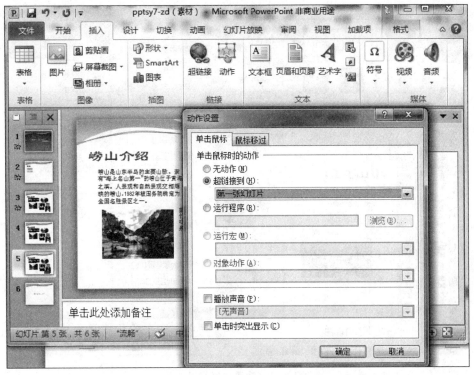

图 19.29　"动作设置"对话框

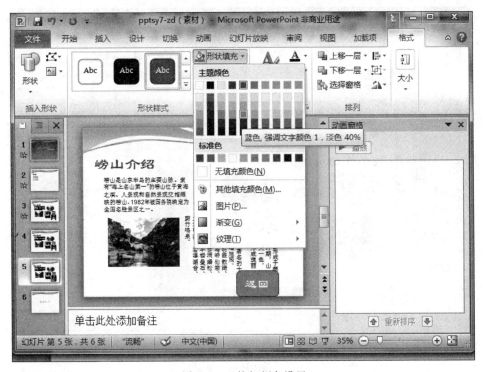

图 19.30　按钮颜色设置

图 19.31　按钮文字编辑设置

图 19.32　按钮文本添加

## 三、实验内容

1. 新建 PowerPoint 2010 文档,按素材文档"pptsy9-1(素材).docx"内容创建 6 张幻灯片,按下列要求操作,结果以"pptsy9-1(效果图).pptx"文件名保存在自己的文件夹中。最终效果如图 19.33 所示。

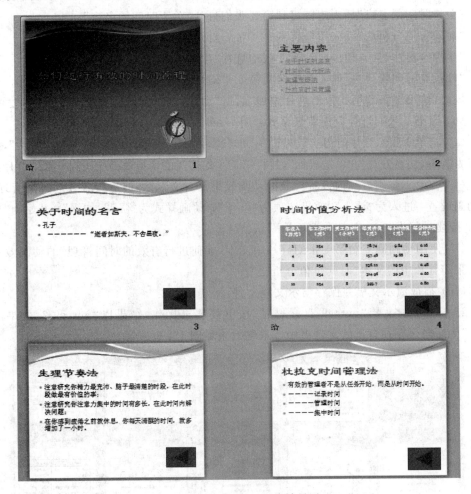

图 19.33 pptsy9-1 最终效果图

(1) 为所有幻灯片设置"流畅"主题。

(2) 在第 1 张幻灯片后插入新幻灯片,版式为"标题和内容",并输入以下内容。

标题:主要内容

内容:关于时间的名言

时间价值分析法

生理节奏法

杜拉克时间管理法

（3）在第 1 张幻灯片"如何进行有效的时间管理"内插入剪贴画"时钟"，并调整其高度为 5cm，图片位于幻灯片的右下角。

（4）在第 4 张幻灯片"时间价值分析法"内插入表格，表格内容在素材文档中已给出。表格样式为"中度样式 2-强调 4"，表格内的内容居中对齐，调整表格各行、列的大小，以便能够显示在幻灯片内。

（5）给第 2 张幻灯片的内容插入超链接，例如：

"关于时间的名言"插入超链接到第 3 张幻灯片"关于时间的名言"；

"时间价值分析法"插入超链接到第 4 张幻灯片"时间价值分析法"；

"生理节奏法"插入超链接到第 5 张幻灯片"生理节奏法"；

"杜拉克时间管理法"插入超链接到第 6 张幻灯片"杜拉克时间管理法"。

同时，给第 3 张到第 6 张幻灯片添加"后退"动作按钮，并链接到第 2 张幻灯片。

（6）给第 2 张幻灯片应用背景格式：用"画布"纹理填充，同时隐藏"背景图形"。

（7）将第 1 张幻灯片的切换效果设为"形状"，效果选项为"切出"，声音为"风铃"，持续时间为 2.5s，切换方式为"单击鼠标"，并将第 1 张幻灯片的切换效果应用到全部幻灯片。

（8）在第 1 张幻灯片内设置对象的动画效果。对文本"如何进行有效的时间管理"进行动画设置：进入为"浮入"，效果选项为"下浮"；动画样式为"强调，加深"；开始为"单击时"；持续时间为"0.5s"，其余选项为默认值。

（9）使用动画刷复制第 1 张幻灯片中文本"如何进行有效的时间管理"的动画效果到第 4 张幻灯片中的文本"时间价值分析法"。

（10）播放演示文稿并保存演示文稿文件。

2. 打开素材文档"pptsy9-2（素材）"，按下列要求操作，结果以"pptsy9-2（效果图）.pptx"文件名保存在自己的文件夹中。最终效果如图 19.34 所示。

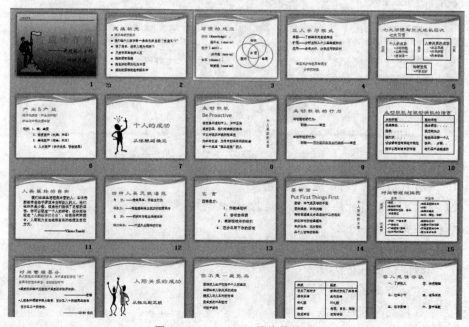

图 19.34　pptsy9-2 最终效果图

(1) 幻灯片设置：将第1张幻灯片移到最后，将调整后的第1张幻灯片改成"仅标题"版式，并设标题文字为72磅、浅蓝色、加粗、宋体，副标题文字为紫色、华文楷体。

(2) 背景设置：将第1张幻灯片的背景设置为内置"渐变填充，隐隐绿原"背景填充。

(3) 删幻灯片：删除调整后的第2张幻灯片。

(4) 主题设置：将所有幻灯片(除第1张幻灯片外)设置成内置"流畅"的主题。

(5) 插入图片：分别在第7、22、42张幻灯片中插入图片"成功人士2.jpeg""成功人士3.jpeg""成功人士5.jpeg"文件并放置到图19.34所示的合适位置。

(6) 动画设置：将第2张幻灯片的标题设置为在前一事件发生后1秒、从中间、中速2秒的动画效果。

(7) 播放并保存：播放演示文稿并保存动画文件。

# 实验二十
# PowerPoint 基本操作（二）

## 一、实验目的

1. 掌握幻灯片编辑和幻灯片外观的设置。
2. 掌握幻灯片动画的设置。
3. 掌握幻灯片中超链接、动作的设置。
4. 掌握幻灯片中幻灯片放映方式的设置。

## 二、实验指导

打开素材文档 ppt_zd.ppt（素材）文件，按下列要求制作"居家装修知识"演示文稿，最终效果如图 20.1 所示。

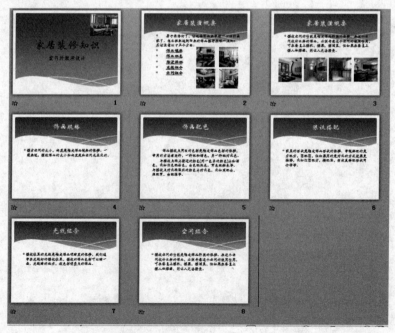

图 20.1　pptsy10_zd.pptx 效果图

**1. 操作要求**

(1) 建立文件：制作一个"居家装修知识"演示文稿，并以"居家装修"为名保存到文件中。

(2) 创建"母版幻灯片"：利用"幻灯片母版"制作母版幻灯片并删除其图片背景。

(3) 标题文本设置：在标题幻灯片中对标题进行文本的设置。字体大小为 72 磅，颜色为深红色。

(4) 复制幻灯片：新建第 2 张幻灯片，输入标题文本"家居装修概要"，设置其字号为 54 磅，字体颜色为深蓝，正文文本为第 3 张幻灯片中的内容，字号为 20 磅。然后再删除第 3 张幻灯片。

(5) 图片插入：按效果图插入素材图片。

(6) 创建超链接：给第 2 张幻灯片中的"项目标题行"文本建立超链接，分别链接到第 5～8 张幻灯片。

(7) 幻灯片设置：为所有幻灯片添加"华丽型-库"切换方式和"箭头"切换声音。

(8) 动画设置：将所有幻灯片中的对象设置成"华丽型-空翻""单击时"与"上一动画之后"产生的动画效果。

(9) 幻灯片放映方式的设置：将所有幻灯片的放映方式设置为"自定义放映"。

(10) 将制作好的演示文稿以"居家装修知识"为文件名保存到自己的文件夹中。

**2. 操作步骤**

(1) 打开素材文件"pptsy_zd(素材).pptx"，将其"居家装修知识"为名进行保存。然后切换到"设计"选项卡，单击"主题"组的下拉按钮，在弹出的"所有主题"下拉列表框中选择"波形"选项，如图 20.2 所示，将其设置成"波形"主题的幻灯片。

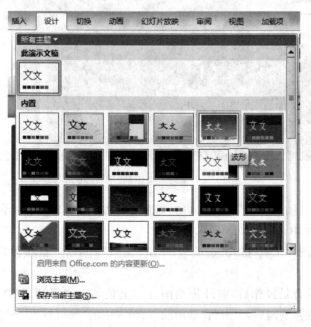

图 20.2　"主题"设置

(2) 切换到"视图"选项卡,单击"母版视图"组中的"幻灯片母版"按钮,如图 20.3 所示。

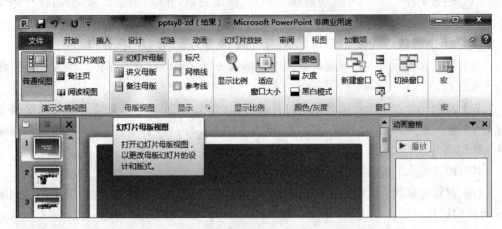

图 20.3 "幻灯片母版"按钮

(3) 进入幻灯片母版视图,在左侧窗格中选择第 2 张幻灯片,即标题幻灯片母版。再切换到"插入"选项卡,单击"图像"组中的"图片"按钮,如图 20.4 所示。

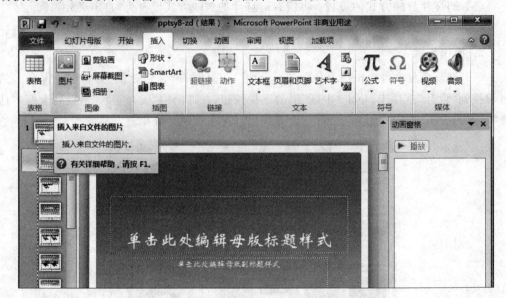

图 20.4 "插入"组中的"图片"按钮

(4) 在打开的"插入图片"对话框中找到图片文件"装修 1.jpeg",单击"打开"按钮,将其图片插入幻灯片中,如图 20.5 所示。

(5) 切换到"图片工具-格式"选项卡,单击"调整"组中的"删除背景"按钮,如图 20.6 所示。

(6) 执行删除背景操作后,向外拖动图片左上角的控制手柄,将选框调整到最大化。设置图片背景的删除范围后,单击"背景消除"选项卡中的"保留更改"按钮,如图 20.7 所示。

图 20.5　"插入图片"对话框

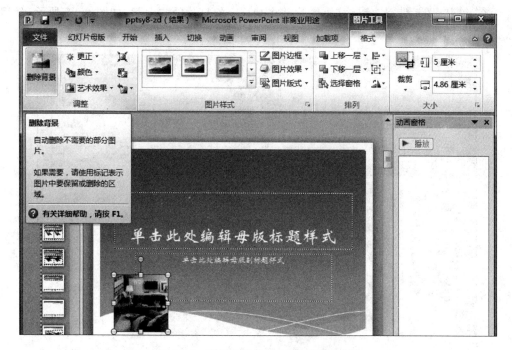

图 20.6　"调整"组中的"删除背景"按钮

图 20.7　"背景消除"选项卡中的"保留更改"按钮

（7）删除图片背景，然后缩小图片并将其移至幻灯片的右上角，如图 20.8 所示，然后关闭母版视图。

图 20.8　关闭母版视图

(8) 在标题幻灯片中输入标题文本或和标题文本、将标题文本字号大小设置为72磅,字体颜色设置为深红色,如图20.9所示。

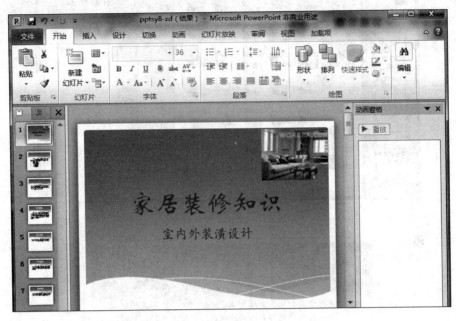

图20.9　标题文本的设置

(9) 新建第2张幻灯片,在其中输入标题文本,设置其字号为54磅,字体颜色为深蓝,将第3张幻灯片的内容复制到第2张幻灯片中,随即删除第3张幻灯片。同样,新建第3张幻灯片,将第5张幻灯片的内容复制到第3张幻灯片中,随即删除第5张幻灯片。

(10) 按效果图通过打开"插入图片"对话框插入图片"居家装修1.jpeg",并将图片高度设为5.0cm,放置到幻灯片合适位置。

(11) 切换到"图片工具-格式"选项卡,单击"图片样式"组中的"其他"按钮,在下拉列表中选择"矩形投影"样式选项,如图20.10所示。

(12) 使用相同的方法插入图片"居家装修2.jpeg""居家装修3.jpeg""居家装修4.jpeg"并应用相同的图片样式,如图20.11所示。

(13) 选择第2张幻灯片,选择其中的"饰品规格"文本,切换到"插入"选项卡,单击"链接"组中的"超链接"按钮,如图20.12所示。

(14) 在打开的"插入超链接"对话框中将选定的文本链接到第4张幻灯片,如图20.13所示。

(15) 使用相同的方法将第2张幻灯片中其他正文文本链接到相应的幻灯片,并添加超链接后的文本效果如图20.14所示。

(16) 切换到"切换"选项卡,单击"切换到此幻灯片"组中的"其他"按钮,为所有幻灯片添加内置"华丽型-库"的切换方式和"箭头"切换声音,如图20.15所示。

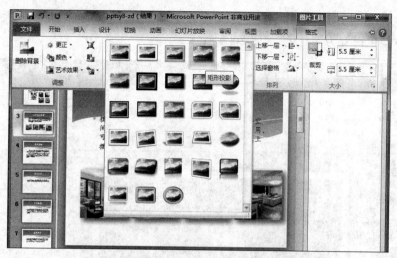

图 20.10　"图片样式"的设计

图 20.11　设置"图片样式"效果图

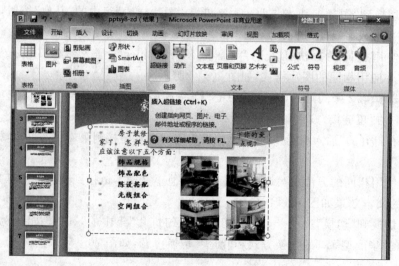

图 20.12　单击"链接"组中的"超链接"按钮

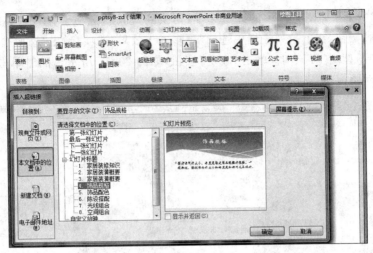

图 20.13　在文档中创建超链接

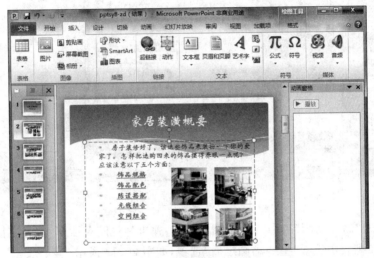

图 20.14　创建超链接后的效果图

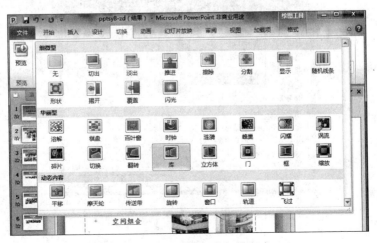

图 20.15　设置幻灯片切换方式

　　(17) 选中第 1 张幻灯片中的标题文本,切换到"动画"选项卡,单击"高级动画"组中的"添加动画"按钮,在下拉列表框中选择"更多进入效果"选项,弹出"添加进入效果"对话框并选择"华丽型-空翻"选项,单击"确定"按钮,如图 20.16 所示。同时单击"动画窗格"按钮,激活"动画窗格"窗口。

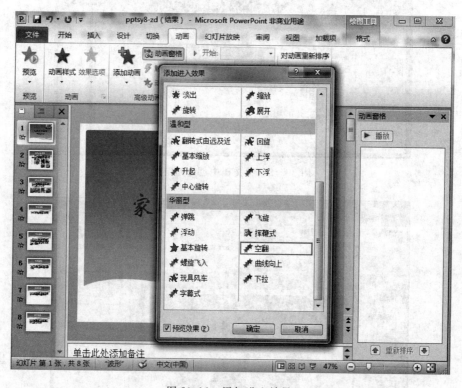

图 20.16　添加进入效果

　　(18) 单击"高级动画"组中的"触发器"按钮,弹出"空翻"对话框,选择"计时"选项卡,在"开始"下拉列表中选择"上一动画之后"选项,如图 20.17 所示。

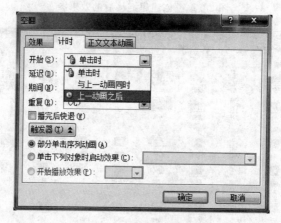

图 20.17　"空翻"效果选项的设置

再使用相同的方法为演示文稿中的其他幻灯片对象添加合适的动画效果,完成后关闭"空翻"对话框。

(19)切换到"幻灯片放映"选项卡,单击"开始放映幻灯片"组中的"自定义幻灯片放映"按钮,弹出"自定义放映"对话框,如图 20.18 所示。

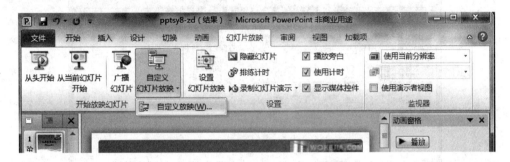

图 20.18 "幻灯片放映"的设置

(20)在打开的"自定义放映"对话框中单击"新建"按钮,如图 20.19 所示。

图 20.19 "自定义放映"的设置

(21)在打开的"定义自定义放映"对话框文本框中选择"饰品规格"等文本,在左侧的列表中选择第 4~8 张幻灯片,然后单击"添加"按钮,单击"确定"按钮,如图 20.20 所示。

(22)返回"自定义放映"对话框,单击"关闭"按钮。

(23)按 F5 键放映幻灯片,单击放映完成第 1 张幻灯片中的动画效果后,再右击,在弹出的快捷菜单中选择"自定义放映 1"命令,如图 20.21 所示。

(24)程序将放映自定义方案中的幻灯片,将鼠标指针移动至幻灯片中的超链接上,鼠标指针将变为小手形状,单击即可切换至相应的幻灯片,如图 20.22 所示。

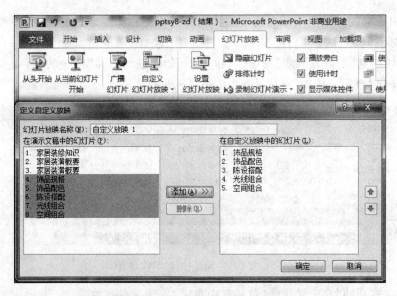

图 20.20 "定义自定义放映"的设置

图 20.21 自定义放映

图 20.22 "放映方式"下的超链接

## 三、实验内容

1. 打开素材文档"pptsy10-1(素材).pptx",按下列要求完成操作,并将结果以"pptsy10-1(结果).pptx"保存在自己的文件夹中。最终效果如图 20.23 所示。

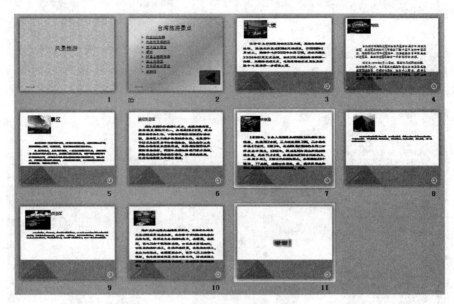

图 20.23　pptsy10-1 最终效果图

(1) 增加一张幻灯片,版式为空白,该幻灯片为第 11 张幻灯片,内容为"谢谢!",在艺术字库的第 3 行第 4 列,"发光,橙色,18pt,强调文字颜色 2"样式。

(2) 将"标题和文本"版式应用于第 2 张幻灯片,并按样张所示,将原有文本框中的内容按句号分为 8 个带有红色项目符号的段落放置在"标题和文本"版式的文本框内,字号为 28 磅。

(3) 将第 2 张幻灯片的切换效果设置为慢速、华丽型-百叶窗,并设置当单击时正文有缓慢飞入的动画效果:从左侧、慢速 3 秒、飞入,效果选项为"按第一级段落"组合文本的方式,先最后一段、再最后第二段……再第一段的逆序整批发送。

(4) 将第 3 张至第 11 张幻灯片添加内置"角度"的主题效果。

(5) 在第 2 张幻灯片的右下角添加一个"后退或前一项"按钮,并使其与第 1 张幻灯片链接。

(6) 将第 1 张幻灯片的背景设置成"花束"纹理,将第 2 张幻灯片的背景设置成"麦浪滚滚"、线性型的渐变填充效果。

(7) 在每张幻灯片中,添加带有自动更新日期和幻灯片编号的页脚效果。

2. 打开素材文档"pptsy10-2(素材).pptx",按下列要求完成操作,并将结果以pptsy10-2.pptx 保存在自己的文件夹中。最终效果如图 20.24 所示。

操作要求如下。

(1) 打开素材"pptsy10-2(素材).pptx"文件并使其处于"普通视图"页面。

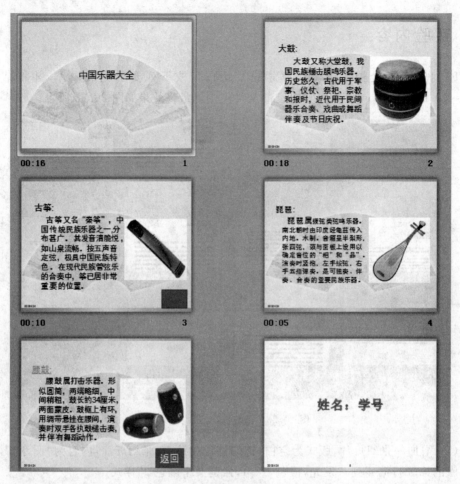

图 20.24　pptsy10-2 最终效果图

（2）在第 5 张幻灯片中，加上"返回"到第 3 张幻灯片的动作按钮；在第 3 张幻灯片中，加上"结束"动作按钮，并给按钮添加"黑色，文字 1，淡色 50％"的颜色和 3 磅实线类型的边框。

（3）设置第 5 张幻灯片中的切换方式为内置"细微型""推进"方式，其效果为"中央向左右扩展"，伴有"打字机"声，持续时间 0.75 秒。

（4）将第 5 张幻灯片中的"腰鼓"文字设置成"自动整体左侧飞入"，文本设置为"自动按字母左侧飞入"的效果，并设置文字超链接的 URL 地址为 http://www.sit.edu.cn。

（5）将全部幻灯片添加日期，位置如"效果图"所示。

（6）在最后一张幻灯片后插入"空白"版式的新幻灯片，在幻灯片中插入艺术字，艺术字的文字为"学号：姓名："，选用样式库中第 3 行第 4 列"渐变填充，水绿色，强调文字颜色 1"的样式，字体为 54 磅、粗体、华文彩云，最后艺术字以"放大"效果自动、慢速 3 秒显示。

（7）将所有幻灯片的主题设置为内置"暗香扑面"。

（8）用"排练计时"命令，设置幻灯片的放映时间：前 4 张每张 3 秒，后 4 张每张 4 秒，放映方式为循环放映。

# 实验二十一
# Access 数据库基本操作

## 一、实验目的

1. 掌握 Access 2010 的启动和退出以及 Access 文件的管理操作。

2. 掌握 Access 2010 数据表的建立,熟悉数据表的基本操作。

3. 掌握 Access 2010 数据表中数据的编辑(如数据的添加录入、删除、修改、选定、排序、复制、移动)。

4. 学会建立 Access 数据库表间的关联。

## 二、实验指导

### 1. 实验预备知识

1) 关系表(表)

表是关于特定主题(例如产品和供应商)数据的集合。表将数据组织到列(称为字段)和行(称为记录)中。例如,“产品”表中的每条记录包含有关一个产品的所有信息,如产品名称、供应商 ID 号、存货量等,如图 21.1 所示。

2) 表“设计”视图

在“设计”视图(见图 21.2)中,既可以从头开始创建整个表,也可以添加、删除或自定义已有表中的字段。

| 产品:表 | | |
|---|---|---|
| 产品名称 | 供应商ID | 库存量 |
| 苹果汁 | 1 | 39 |
| 牛奶 | 1 | 17 |
| 番茄酱 | 1 | 13 |
| 盐 | 2 | 53 |
| 麻油 | 2 | 0 |

图 21.1 “产品:”表示例

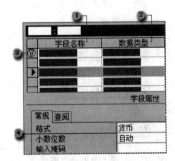

图 21.2 “设计”视图

（1）如果要跟踪表中的其他数据，请添加更多的字段。如果已有字段的名称不足以描述字段的特性，可以重命名字段。

（2）字段数据类型（字段数据类型：决定可以存储哪种数据的字段特征。例如，数据类型为"文本"的字段可以存储由文本或数值字符组成的数据，而"数字"字段只能存储数值数据。）的设置定义了用户可以输入字段中的值的类型。例如，如果要使字段存储数字值以便在计算中使用，请将其数据类型设为"数字"或"货币"。

（3）主键是具有唯一标识表中每条记录的值的一个或多个域（列）。主键不允许为NULL，并且必须始终具有唯一索引。主键用来将表与其他表中的外键相关联，使用主键唯一标识表中的每条记录。表的主键用于引用其他表中的相关记录。

（4）字段属性是一组特征，使用它可以附加控制数据在字段中的存储、输入或显示方式。属性是否可用取决于字段的数据类型。

3）表"数据表"视图

在表或查询中，"数据表"视图（见图 21.3）提供了处理数据所需的工具。"数据表"视图：以行列格式显示来自表、窗体、查询、视图或存储过程中的数据的视图。在"数据表"视图中，可以编辑字段、添加和删除数据，以及搜索数据。

（1）使用"表（'数据表'视图）"和"查询（'数据表'视图）"工具栏。工具栏包含可用于执行命令的按钮和选项。要显示工具栏，请按 Alt 键然后按 Shift＋F10 组合键。"表（'数据表'视图）"和"查询（'数据表'视图）"工具栏提供了查找、编辑和打印记录所需的多种工具。①打印或预览数据；②检查拼写；③剪切、复制或粘贴所选的文本、字段、完整的记录或整个数据表；④对记录进行排序；⑤筛选记录、查找或替换值；⑥添加或删除记录。

（2）处理列、行和子数据表。可以在数据表中找到用于处理列、行和子数据表（子数据表：嵌套于另一个数据表中的一种数据表，包含与第一个数据表相关或连接的数据）的许多工具，如图 21.4 所示，也可以用右击列选择器（列选择器：列顶部的水平条。单击列选择器即可选定查询设计网格或筛选设计网格中的整个列）。①使用列选择器来移动、隐藏或重命名列；②调整列或行的大小；③使用子数据表查看相关数据；④冻结最左侧的列，使其在用户向右滚动时仍可显示。

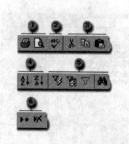

图 21.3　表"数据表"视图

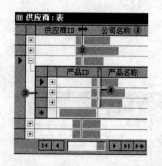

图 21.4　处理列、行和子数据表

（3）在记录间移动。可以使用导航工具栏在数据表中的记录间移动，如图 21.5 所示。①转到第一条记录；②转到上一条记录；③输入要移动到的记录编号；④转到下一条记录；⑤转到最后一条记录；⑥转到一条空（新）记录。

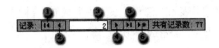

图 21.5　移动记录导航工具栏

4）在两个表之间建立关系

利用一个公共字段在两个表之间建立关系，如图 21.6 所示，可以使 Microsoft Access 将两个表中的数据放在一起以进行查看、编辑或打印。在一个表中，字段是在表"设计"视图（设计视图：显示数据库对象（包括表、查询、窗体、报表和宏）的设计的视图。在设计视图中，可以创建新的数据库对象以及修改现有对象的设计。）中设置的主键。同一字段也可以作为外键（引用其他表中的主键字段（一个或多个）的一个或多个表字段（列），外键用于表明表之间的关系。）存在于关联表中。

（1）在"供应商"表中，为每个供应商输入供应商 ID、公司名称等。供应商 ID 是在表"设计"视图中设置的主键。

（2）在"产品"表中包括"供应商 ID"字段，这样，在输入新产品时，即可通过输入该供应商的唯一 ID 号来标识产品的供应商。供应商 ID 是"产品"表中的外键。

若要存储数据，请针对跟踪的每一类信息创建一个表。若要在窗体、报表或数据访问页中将多个表中的数据组织到一起，请定义表之间的关系，如图 21.7 所示。

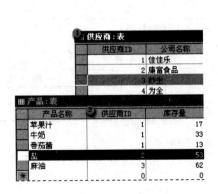

图 21.6　在两个表之间建立关系

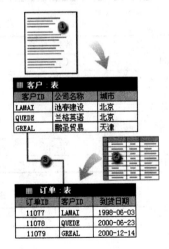

图 21.7　定义表间关系

（1）曾经位于邮件列表中的客户信息现在存放在"客户"表中。

（2）曾经位于电子表格中的订单信息现在存放在"订单"表中。

（3）唯一的标识符，例如"客户 ID"，用于区分表中的各条记录。通过将一个表中的唯一 ID 字段添加到另一个表中并定义一种关系，Microsoft Access 可以将来自两个表的相关记录一一匹配,以便可以在窗体、报表或查询中使用。

**2. 实验范例**

在 Access 2010 环境中创建"学生管理.mdb"数据库,在数据库中包含"学生信息"表、"课程信息"表、"教师信息"表和"选课"表,每个表的结构分别如表 21.1～表 21.4 所示,按此数据库的表结构及其数据完成本次实验。

**表 21.1　学生信息表结构**

| 字 段 名 | 数据类型 | 宽度 | 备　注 | 示　例 |
|---|---|---|---|---|
| XH | Char | 8 | 学号,主键 | 20060101 |
| XM | Char | 5 | 姓名 | 张峰 |
| XB | Char | 1 | 性别 | 男 |
| CSRQ | Datetime | | 出生日期 | 1989/10/10 |
| ZY | Char | 10 | 专业 | 计算机应用 |
| RXCJ | Real | | 入学成绩 | 598 |
| YSCHOOL | Char | 10 | 原毕业学校 | 江阴一中 |
| JL | Memo | | 简历 | |
| PHOTO | Image | | 照片 | |

**表 21.2　课程信息表结构**

| 字 段 名 | 数据类型 | 宽度 | 备　注 | 示　例 |
|---|---|---|---|---|
| KCH | Char | 4 | 课程号,主键 | 0101 |
| KCMC | Char | 10 | 课程名称 | 大学计算机基础 |
| XS | Smallint | | 学时 | 96 |
| XF | Real | | 学分 | 6 |

**表 21.3　教师信息表结构**

| 字 段 名 | 数据类型 | 宽度 | 备　注 | 示　例 |
|---|---|---|---|---|
| JSH | Char | 6 | 教师号,主键 | 060101 |
| XM | Char | 5 | 姓名 | 王一平 |
| XB | Char | 1 | 性别 | 男 |
| CSRQ | Date | | 出生日期 | 1965-04-21 |
| POST | Char | 5 | 职称 | 副教授 |
| JL | Memo | | 简历 | |
| PHOTO | Image | | 照片 | |

**表 21.4　选课表结构**

| 字 段 名 | 数据类型 | 宽度 | 备　注 | 示　例 |
|---|---|---|---|---|
| XH | Char | 8 | 学号,主键 | 20060101 |
| KCH | Char | 4 | 课程号,主键 | 0101 |
| XQ | Char | 1 | 学期 | 1 |
| CJ | Real | | 成绩 | 96.5 |
| JSH | Char | 6 | 教师号 | 060101 |

**1) 数据库与表的创建和修改**

在 Access 2010 中创建"学生管理.mdb"数据库,在已创建的数据库中,通过设计器分别创建和修改学生信息表、教师信息表、课程信息表及选课表的表结构。实验步骤与操作参考如下。

（1）创建"学生管理.mdb"数据库。

① 运行 Microsoft Office Access 2010，选择"文件"→"新建"命令，打开"新建文件"任务窗格，单击任务窗格中"新建"区域的"空数据库"链接，打开"文件新建数据库"对话框，如图 21.8 所示。

② 设置好数据库文件的保存位置，在"文件名"组合框中输入"学生管理.mdb"，如图 21.8 所示，单击"创建"按钮，完成"学生管理"数据库的创建，如图 21.9 所示。

图 21.8　"文件新建数据库"对话框

图 21.9　"学生管理：数据库"窗口

（2）通过表设计器创建学生信息表结构。

① 在图 21.9 所示的"学生管理：数据库"窗口中，选择"表"选项卡。在"表"选项卡中双击"使用设计器创建表"图标，打开"表"设计窗口。单击第一行中"字段名称"项对应处，输入字段名 XH。在"数据类型"项对应处，单击右侧下三角按钮，在打开的下拉列表中选择"文本"选项。右击字段名称 XH，在弹出的快捷菜单中选择"主键"命令，其左侧的状态标志变为 ▓，表明此字段为本表的主键。如要删除此主键标识，再重复一次此项操作即可。

在"字段属性"的"常规"选项卡中，设置"字段大小"为8，在"输入掩码"文本框中输入00000000（以 0 作为输入掩码占位符，可限制除 0～9 这 10 个符号外的其他符号在该字段中输入），在"标题"文本框中输入"学号"。由于 XH 字段将作为学生信息表的"主键"（关键字），因此，必须设置"必填字段"为"是"，"允许空字符串"为"否"，"索引"为"有（无重复）"，如图 21.10 所示。

② 将光标移到"字段名称"第二行，输入 XM，"数据类型"选择"文本"，在"常规"选项卡中分别设置"字段大小"为5，"标题"为"姓名"。再将光标移到"字段名称"第三行，输入 XB，"数据类型"选择"文本"，在"常规"选项卡中分别设置"字段大小"为1，"标题"为"性别"，"默认值"为"男"。光标移到"有效性规则"文本框，单击右侧的 ⋯ 按钮，弹出"表达式生成器"对话框，在文本框中输入"有效性规则"对应的表达式，如图 21.11 所示。单击"确定"按钮，关闭对话框（也可以在"常规"选项卡的"有效性规则"文本框中直接输入此表达式），再在"有效性文本"文本框中输入"性别只能输入'男'或'女'"。通过"有效性规则"

的设置,在信息输入过程中,系统将对输入 XB 字段的内容按设置的"有效性规则"进行验证,限制其只能输入指定的"男"或"女",如输入其他内容将不予接受,并给出"有效性文本"予以提示。

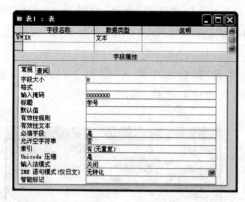 

图 21.10　创建"学生信息表设计视图"窗口　　　图 21.11　"表达式生成器"对话框

③ 按照表 21.1 的要求,继续创建学生信息表的其他字段,并设置相应的字段属性。创建完所有字段后,单击窗口右上角的 ✕ 按钮,关闭"学生信息表设计视图"窗口。系统弹出"是否保存对表'表1'的设计的更改"对话框,单击"是"按钮,弹出"另存为"对话框,在"表名称"文本框中输入"学生信息",单击"确定"按钮,在图 21.9 所示的"学生管理:数据库"窗口的"表"对象视图中出现了"学生信息"表。

(3)修改表结构。在"表"对象视图窗口中,右击"学生信息"表,在弹出的快捷菜单中选择"设计视图"命令,打开"学生信息:表"设计窗口,如图 21.12 所示。在该窗口中可以修改表的"字段名称""数据类型"及其他字段属性。如数据表中已存储数据,则更改表的数据类型或字段大小时可能会引起数据丢失,因此在更改已存放数据的表结构之前,应先备份数据,一旦更改出现错误时可以恢复更改前状况。

(4)"学生信息"表中输入数据。

① 在"表"对象视图窗口中,双击"学生信息"表,打开"学生信息:表"信息录入窗口,光标移至第一行,在"学号""姓名""性别""出生日期""专业""入学成绩""原毕业学校"文本框分别输入 20060101、"张峰""男"、1989-10-10、"计算机应用"、598、"江阴一中",如图 21.13 所示。

② "简历"字段是"备注"类型数据,可直接在图 21.13 所示窗口中输入大量的字符信息,也可从打开的文本编辑器中选定大量的字符信息,复制到剪贴板上,再右击第一行中的"简历"字段,在弹出的快捷菜单中选择"粘贴"命令,将选定的内容粘贴

图 21.12　"学生信息:表"设计窗口

图 21.13　"学生信息：表"信息录入窗口

到"简历"中。

③ "照片"字段是 OLE 类型数据，学生的照片不能直接输入此字段中，需先通过 Photoshop 图像软件将该学生的照片文件打开，再选定图像区域，将其复制到剪贴板上，回到如图 21.13 所示的信息录入窗口，右击第一行的"照片"字段区域，在弹出的快捷菜单中选择"粘贴"命令，将复制在剪贴板上的图像粘贴到"照片"字段中。

如要删除"照片"字段中的内容，需用鼠标选中该字段，再按 Delete 键。

④ 将光标移至下一行，重复①～③步骤，就可以继续录入其他学生的信息。

⑤ 如要删除记录，右击要删除的记录左端的标志块，在弹出的快捷菜单中选择"删除记录"命令，即可删除此记录。

⑥ 录完表的所有信息后，单击窗口右上角 ✕ 按钮，关闭信息录入窗口，完成"学生信息"表的信息录入操作。

(5) 录入其他数据。重复(2)～(3)步骤可以在"学生管理"数据库中创建其他数据表并录入数据。

**注**："选课"表的主键是 XH 和 KCH 两个字段的组合，因此创建该表主键时，需在按住 Shift 键的同时，选中 XH 和 KCH 两个字段，再右击，在弹出的快捷菜单中选择"主键"命令，就可实现将两个字段的组合作为该表的主键。

(6) 删除数据库中的表。如要删除数据库中的表，可在"学生管理：数据库"窗口的"表"对象视图中选中要删除的数据表，再按 Delete 键（或右击要删除的数据表，在弹出的快捷菜单中选择"删除"命令），在弹出的"是否删除数据表"的确认对话框中单击"是"按钮，即可删除该数据表。

自己动手：参考以上操作，创建"选课"表结构，并输入相关数据。

2）创建数据表间的关系

根据"学生信息""课程信息""教师信息"和"选课"诸表的主键，创建各数据表之间的关系。实验步骤与操作如下。

(1) 在"学生管理数据库"窗口右击"表"对象，在弹出的快捷菜单中选择"关系"命令，打开"关系"窗口。

(2) 右击"关系"窗口的空白区域，在弹出的快捷菜单中选择"显示表"命令，弹出"显示表"对话框，如图 21.14 所示。在对话框的"表"选项卡中分别选择列表框中的 4 个数据表，通过单击"添加"按钮，将数据表添加到"关系"窗口中，如图 21.15 所示。

(3) 在"关系"窗口中，"黑体"显示的字段名是表的主键。鼠标指针指向"选课"表的 XH 字段名，拖动至"学生信息"表的 XH 字段上后释放鼠标，系统弹出"编辑关系"对话框。

图 21.14 "显示表"对话框

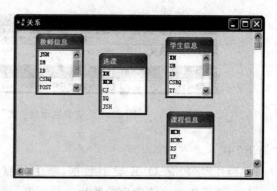

图 21.15 "关系"窗口

选中"实施参照完整性"左侧的复选项,如图 21.16 所示。单击"联接类型"按钮可设置建立联接关系后参与联接的表的记录范围。单击"创建"按钮,在"关系"窗口中,"学生信息"和"选课"两表的 XH 字段之间出现了一根连接线,靠近"学生信息"表一端标识为 1,靠近"选课"表一端标识为 ∞,这表明"学生信息"与"选课"表之间的关系是"一对多",如图 21.17 所示。

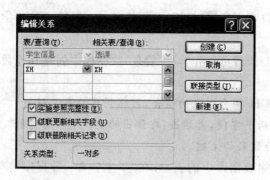

图 21.16 "编辑关系"对话框

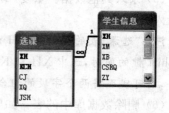

图 21.17 两表之间建立的关系

**注**:"学生信息"与"选课"表之间的关系为"一对多",意味在"学生信息"表中的一条记录(一个学生),在"选课"表中将会有多条记录与之对应联系,即在"选课"表中会出现同一个学生因选修不同的课程而存储了多条选课记录。

(4) 采用相同方法,分别在"选课"与"课程信息"表之间、"选课"与"教师信息"表之间建立起一对多的关系,如图 21.18 所示。关闭"关系"窗口,保存对"关系"的更改。

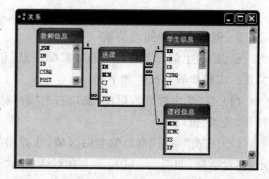

图 21.18 建立联系后的"关系"窗口

## 三、实验内容

（1）创建"图书管理"数据库。数据库包含"图书记录"、"读者信息"和"借阅状况"3 个表，如表 21.5～表 21.7 所示。表中各字段的类型、长度等属性请根据实际情况自己设定。

表 21.5 图书记录

| ISBN | 类别 | 书　　名 | 作者 | 出版社 | 出版日期 | 单价 | 册数 | 金额 |
|---|---|---|---|---|---|---|---|---|
| 7-5615-23885 | 00 | 英汉词典 | 张伟 | 商务印书馆 | 2000-9-23 | 32.00 | 8 | |
| 7-302-07790 | 01 | Access 2000 应用 | 李明 | 人民邮电出版社 | 1998-3-20 | 38.00 | 5 | |
| 7-115-13197 | 00 | 3D MAX 动画创作 | 王军 | 海洋出版社 | 1997-9-23 | 21.00 | 5 | |
| 7-302-09389 | 02 | 计算机应用基础 | 赵明 | 福建教育出版社 | 1989-9-23 | 25.00 | 15 | |
| 7-5615-17815 | 01 | Windows 2000 入门 | 刘光 | 清华大学出版社 | 1999-9-23 | 30.00 | 8 | |
| 7-3452-32145 | 02 | 计算机应用基础 | 张三 | 厦门大学出版社 | 2005-5-7 | 32.00 | 10 | |

其中：ISBN 字段为主键。

表 21.6 读者信息

| 借书证号 | 姓名 | 性别 | 职务 | 办证日期 | 部　门 |
|---|---|---|---|---|---|
| 00001 | 李明 | 男 | 教授 | 2000-10-12 | 数学系 |
| 00002 | 王磊 | 男 | 副教授 | 2001-3-8 | 物理系 |
| 00003 | 吴兴 | 女 | 讲师 | 2001-5-12 | 计统系 |
| 00004 | 张好 | 男 | 助教 | 2000-9-15 | 财经系 |
| 00005 | 郑新 | 男 | 讲师 | 2001-3-12 | 中文系 |

其中："借书证号"为字段主键；"姓名"为"必填"字段；"办证日期"字段以当前日期为"默认值"。

表 21.7 借阅状况

| 流水号 | 借书证号 | ISBN | 借阅日期 | 归还日期 |
|---|---|---|---|---|
| 1 | 00001 | 7-5615-23885 | 2005-8-9 | 2005-8-19 |
| 2 | 00001 | 7-302-07790 | 2005-8-9 | 2005-8-20 |
| 3 | 00003 | 7-115-13197 | 2005-8-9 | 2005-8-20 |
| 4 | 00002 | 7-5615-17815 | 2005-8-9 | |
| 5 | 00001 | 7-115-13197 | 2005-8-10 | |
| 6 | 00002 | 7-5615-17815 | 2005-8-10 | |
| 7 | 00003 | 7-5615-17815 | 2005-8-10 | |

其中："流水号"字段为主键；"借阅日期"和"归还日期"字段的"默认值"为当前系统日期。

（2）使用表"设计视图"将"读者信息"表中的"部门"字段名改为"单位"，并添加一个名为"照片"的字段,字段类型为"OLE 对象"。

（3）在同一数据库中将"读者信息"表复制一份副本,并将副本命名为"读者信息副本"。

（4）为"图书管理"数据库中各相关表建立表间关联。

## 四、实验后思考

1. 如学生信息表中 CSRQ 字段的内容满足学生的年龄必须大于 12 周岁,则该字段的"有效性规则"表达式如何创建?

自己动手：创建 CSRQ 字段的"有效性规则",并在"有效性文本"文本框中输入"学生年龄的范围应在 12～30 周岁"。

2. 在包含数据的表中,如将一个字符类型的字段(如学号或教师号)改为数值整型,则对表中的数据会有什么影响? 如何将只包含"男"和"女"两种字符的"性别"字段由字符型(Char)改为是/否型(Bit),同时要确保"性别"字段的信息不能丢失?

3. 右击"照片"字段,在弹出的快捷菜单中选择"插入对象"命令,观察如通过"插入对象"方式将图片文件插入"照片"字段后,能否在后面的"窗体"对象操作中正常地显示出该学生的"照片"内容? 如在 OLE 类型的字段中存储 Word 文档,能否在窗口中正确地显示出来?

4. 在"关系"窗口中能否创建两个表之间为"多对多"的关系? 能否创建两个表之间为"一对一"的关系?

# 实验二十二
# 常用工具软件综合实训

## 一、实验目的

1. 掌握搜索引擎的使用方法。
2. 掌握截图软件的使用方法。
3. 掌握 WinRAR 的使用方法。

## 二、实验指导

(1) 打开浏览器，搜索从学校到市中心某地点的乘车路线。

① 打开浏览器，进入 baidu.com 网站，选择地图，如图 22.1 所示。

图 22.1　百度首页

进入地图搜索页面，如图 22.2 所示。

② 在地图搜索栏中输入"从×××到×××"（×××替换为要查询的 2 个地点），然后单击"百度一下"按钮。如"从徐家汇到莘庄"，可查询到图 22.3 所示结果。

(2) 对上述查询结果进行截屏。按 PrtScr 键，此时系统会自动将当前屏幕图像保存在剪贴板内。如果在按 PrtScr 键时同时按 Alt 键，则可以实现抓拍当前程序图像功能。

单击系统的"开始"→"所有程序"→"附件"→"画图"命令，启动画图软件，如图 22.4 所示，然后选择编辑菜单中的"粘贴"命令，即可将剪贴板中的图像保存到画图软件中。

然后通过保存功能，即可将图像保存为 BMP、JPG 或者 GIF 格式。

图 22.2　地图搜索页面

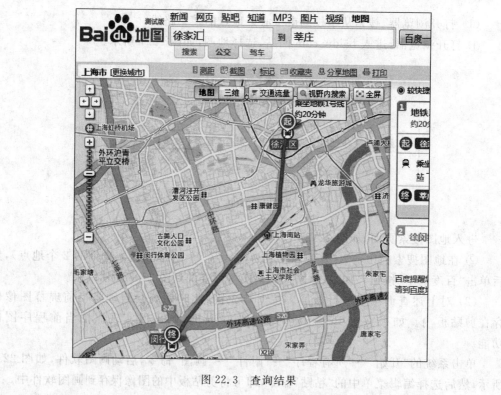

图 22.3　查询结果

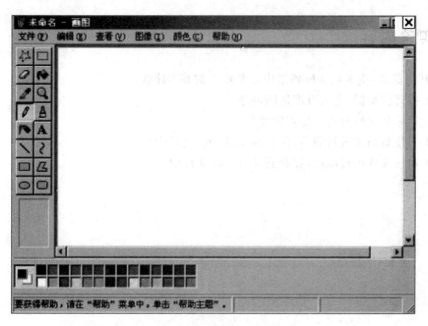

图 22.4 画图软件

（3）对保存的结果进行压缩。当在需要进行压缩的文件或者文件夹上右击时，就会看见文件右键菜单中的 WinRAR 快捷菜单，如图 22.5 所示。当选择"添加到压缩文件"命令后，就会弹出要求输入档案文件名字和参数这个对话框。对话框中要进行的主要设置都在"常规"选项卡内，如图 22.6 所示。

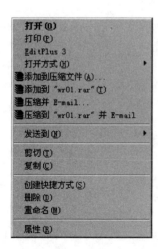

图 22.5 文件右键菜单

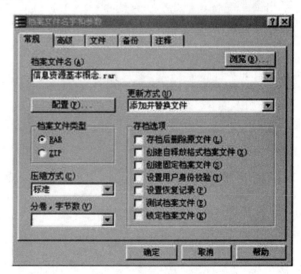

图 22.6 档案文件名字和参数

该文件即可保存到指定名称的压缩文件中。

## 三、实验内容

打开浏览器,搜索从学校到市中心某地点的乘车路线。

(1) 打开浏览器,进入百度地图网站。

(2) 检索从学校到另一地点的路径。

(3) 对检索结果进行截屏,保存到学号.jpg 文件中。

(4) 对该文件进行压缩,保存到学号.rar 文件中。

 附　录

## 实验软件清单

1. 操作系统：Microsoft Windows XP SP2，windows 7
2. 办公软件：Microsoft Office 2010
3. 中文 Photoshop CS4
4. 中文 Flash CS4
5. Dreamweaver CS4

## 计算机硬件基本配置要求

CPU：1GHz 或更高主频的 32bit 或 64bit 处理器
内存：1GB 以上。1GB 内存(32bit 系统)/2GB 内存(64bit 系统)
硬盘：120GB 以上
USB 接口：2.0
显示器：17 英寸(1024 像素×800 像素)

# 参 考 文 献

[1] 袁建清,修建新.大学计算机应用基础[M].北京:机械工业出版社,2009.

[2] 黄国兴,陶树平,丁岳伟.计算机导论[M].北京:清华大学出版社,2004.

[3] 周奇,梁宇滔.计算机网络技术基础应用教程[M].北京:清华大学出版社,2009.

[4] 王昆仑,赵洪涌.计算机科学与技术导论[M].北京:中国林业出版社,2006.

[5] 祁享年.计算机导论[M].北京:科学出版社,2005.

[6] 詹国华.大学计算机应用基础实验教程[M].北京:清华大学出版社,2007.

[7] 袁春花,赵彦凯.新编计算机应用基础案例教程[M].长春:吉林大学出版社,2009.

[8] 詹国华.大学计算机应用基础实验教程[M].修订版.北京:清华大学出版社,2008.

[9] 郭刚,等.Office 2010应用大全[M].北京:机械工业出版社,2010.

[10] 李斌,黄绍斌,等.Excel 2010应用大全[M].北京:机械工业出版社,2010.

[11] 陈芷.计算机公共基础习题与实训[M].北京:科学出版社,2005.

[12] 上海市人民政府教育委员会.计算机应用基础教程[M].上海:华东师范大学出版社,2008.

[13] 陈卫卫,等.计算机基础教程[M].2版.北京:机械工业出版社,2011.

[14] 吴方.大学计算机应用基础[M].北京:北京理工大学出版社,2010.

[15] 高海霞.2010中文版实例教程[M].上海:上海科学普及出版社,2012.

[16] 艾明晶.大学计算机基础实验教程[M].2版.北京:清华大学出版社,2012.

[17] 王曼珠.PowerPoint 2010入门与实例教程[M].北京:电子工业出版社,2011.

[18] 杨继波.Office 2007办公软件实训教程[M].北京:机械工业出版社,2011.

[19] 贺小霞.Flash CS4中文版标准教程[M].北京:清华大学出版社,2010.

[20] 马震.Flash动画制作案例教程[M].北京:人民邮电出版社,2009.

[21] 赵子江.多媒体技术应用教程[M].6版.北京:机械工业出版社,2009.

[22] 金永涛.多媒体技术应用教程[M].北京:清华大学出版社,2009.

[23] 许华虎.多媒体应用系统技术[M].北京:机械工业出版社,2008.

[24] 张强,杨玉明.Access 2010中文版入门与实例教程[M].北京:电子工业出版社,2011.

[25] 徐卫克.Access 2010基础教程[M].北京:中国原子能出版社,2012.

[26] 陈宏朝.Access数据实用教程[M].北京:清华大学出版社,2010.

[27] 杨颖,张永雄.Dreamweaver+Flash+Photoshop网页制作从入门到精通[M].北京:清华大学出版社,2010.

[28] 郝军启.Dreamweaver CS4网页设计与网站建设标准教程[M].北京:清华大学出版社,2010.

[29] 陈宗斌.Adobe Dreamweaver CS4中文版经典教程[M].北京:人民邮电出版社,2009.

[30] 王强.Dreamweaver CS4入门与进阶[M].北京:清华大学出版社,2010.